AI仕事術シリーズ

マッピファイ
Mapify 最強のAI理解術

池田朋弘
リモートワーク研究所
Workstyle Evolution代表

芸術新聞社

はじめに

生成 AI の発展により、私たちの仕事や日常生活が大きく変わりつつあります。特に ChatGPT の登場は、アイデア出し・文章作成・要約・チェック・判断・プログラミングなど、これまで人間にしかできないと思われていた様々な知的労働を生成 AI で行えることを知らしめました。その結果、様々な業務が劇的に効率化されています。**先進企業では生成 AI を全社的に導入し、1 日 1 時間以上の業務時間削減を実現**しています。

また、ChatGPT のサーチ機能や Perplexity などの「AI 検索ツール」によって、情報収集や要約を以前よりはるかにスピーディーに行えます。例えば、新しいビジネスアイデアを考える際、関連する海外のウェブ記事を一気にチェックしたり、専門的な論文のポイントを短時間で把握したり、大幅に効率化できるようになりました。これらの詳細については前著『Perplexity　最強の AI 検索術』もご参照ください。

一方、扱える情報量が増えたことで、1 つ 1 つの資料の全体像や内容を的確に理解する力が、これまで以上に求められるようにもなりました。大量の情報ソースを幅広く収集できても、その本質を把握するには情報整理の時間と労力が必要です。つまり、**人間の情報理解力や速度がボトルネック**になっているのです。

そこで登場したのが、本書で扱う「Mapify（マッピファイ）」です。**Mapify は、様々な情報を生成 AI の力で「マインドマップ」という形式に変換し、全体像を瞬時に把握できるようにするツール**です。ウェブサイトや PDF 資料はもちろん、YouTube 動画やエクセルデータなど、様々なコンテンツに対応し、私たちが直感的に理解しやすい「構造化された視覚表現」を自動で生み出してくれます。それにより学習や仕事の効率が飛躍的に高まりました。まさに「最強の AI 理解ツール」と呼ぶにふさわしいといえるでしょう。

Mapify の登場以降、様々な AI ツールが、元々の機能に加えて「マインドマップ形式で情報を整理する」という機能を搭載し始めています。Felo や Genspark などの AI 検索ツールや、NotebookLM のような複数の情報をまとめる AI 整理ツールがその代表です。そのようなツールが次々と登場する中でも、生成 AI × マインドマップに特化した Mapify の情報整理力は突出しています。

本書は、このMapifyの可能性を最大限に引き出し、皆さんが仕事や日常生活でフル活用するための指南書です。構成は以下の通りです。

第1～2章：Mapifyの基本や機能を詳しく解説します。
第3～5章：本書のメインパートで、Mapifyの具体的な活用例やユーザーの声を幅広く紹介します。
第6章：Mapifyと他の生成AIツールとの連携方法を具体的に提案します。
第7章：生成AI時代の働き方や未来について考察します。

巻末では、Mapifyを生んだXmind社のCEOブライアン・サン氏への特別インタビューを通じ、本ツールや生成AI時代の考え方を学びます。

本書を通じて、Mapifyの活用法を学べば、より効率的に多くの情報を理解できるようになります。さあ、新しい時代の扉を開きましょう。Mapifyが、あなたの最強のパートナーになることを願っています。

目次

◎本書は 2025 年 2 月現在の Mapify を含めた生成 AI サービスの情報を基に執筆しています。今後、サービス内容・操作画面・利用条件などが変更になる可能性がありますのでご注意ください。

◎ Mapify が生成する回答は同じプロンプトでも異なることがあります。掲載した回答結果はあくまで一例とご認識ください。

◎本書は情報提供を目的としています。本書の情報を用いた運用は、各サービスの利用規約を併せて読み、必ず読者様の責任と判断により行ってください。運用結果について、著者および出版社は一切の責任を負いません。

Chapter 1

Mapify とは？

1-1 Mapifyとは？

情報があふれる現代社会において、私たちは日々大量の情報と向き合っています。会議の議事録、プレゼンテーション資料、ウェブ記事、動画コンテンツ……。これらの情報を効率的に整理し、理解することは、現代人にとって重要なスキルとなっています。

Mapifyは、このような課題に対する革新的なサービスとして注目を集めています。テキスト、画像、動画といった多様な形式のコンテンツを、瞬時にわかりやすい「マインドマップ」という形式に変換することが可能です。この機能により、**複雑な情報や膨大なデータの全体像を一目で把握できる**ようになります。例えば、プロジェクトの計画、勉強内容の整理、ビジネス提案資料の作成など、幅広い用途で活用されています。

現在、Mapifyは300万人を超えるユーザーに利用されており、その注目度は日々高まっています。多くのユーザーがMapifyを利用する理由は、その直感的な操作性と生成AIによる情報整理能力にあります。

Mapify ホーム画面

4つの特徴

Mapifyの特徴は、単なるマインドマップ作成ツールにとどまらず、次の4つの革新的な機能を提供する点にあります。各機能の詳細は次章以降で具体的に説明するので、まずは大枠からお伝えします。

1. 生成AIによる自動マインドマップ生成

Mapifyは、最新の生成AI技術を活用することで、**入力された情報を瞬時にマインドマップへ変換**します。AIが内容を論理的に分析し、整理された構造で表示するため、ユーザーは情報の関連性や重要度を容易に把握できます。例えば、会議の議事録や学術論文の内容を整理する際も、短時間で視覚化することが可能です。

2. 多様な入力形式への対応

Mapifyは、テキストやPDFといった一般的な形式だけでなく、YouTube動画、音声データ、さらにはウェブサイト全体のコンテンツにも対応しています。この柔軟性により、**様々な情報源からデータを取り込み、一元的に整理**することができます。

また、英語や他言語の資料を日本語に変換し、マインドマップ化することも可能です。これにより、国際的なプロジェクトや多言語チームとの情報共有が円滑になります。

3. アウトプットのカスタマイズ性

Mapifyでは、用途や目的に応じて**マインドマップ以外にも5種類の出力形式**を選択できます。例えば、プロジェクト計画書では詳細なマインドマップを表示し、プレゼン資料では簡潔な形式を選ぶことができます。また、マップの配色もカスタマイズ可能で、見た目や内容を利用者のニーズや好みに合わせて調整できます。

4. 出力と共有

生成されたマインドマップは、**PDFや画像（PNG）形式などでエクスポート可能**です。さらに、印刷機能により、デジタルデバイスが使えない対面の会議や商談の場でも活用できます。また、URLを共有すればチームやクライアントと簡単にマインドマップを共有できる点も魅力です。

Mapify が支持される理由

なぜ Mapify は急速にユーザーを獲得していったのでしょうか。ここでは評価の高いポイントを3つに絞って見ていきましょう。

1. 情報整理の効率性

生成 AI によるマインドマップ変換により、従来は時間を要していた情報整理が驚くほど短時間で完了します。**1 時間かけて行っていた調査結果の整理も、数分で完了**することがあります。この効率性は、忙しい現代人にとって大きな魅力です。またアウトプット形式であるマインドマップという形式そのものが、多くの人にとって情報の全体像を理解しやすいフォーマットなのです。

2. 直感的な UI/UX

既存コンテンツをマインドマップ化することに特化しているので、サービス自体の UI/UX が非常にシンプルです。URL を入力したり、ファイルをアップロードするだけで使える手軽さに、ユーザーが「え、こんな**簡単に情報を可視化**できるの !?」と驚き、口コミで人気が高まっています。

3. 多様な活用シーン

Mapify は、**個人の学習から自己啓発、ビジネスシーンまで多くのシーンで活用**できます。例えば私の場合も、日々のニュース記事の閲覧、YouTube の動画確認、海外の論文チェックなど日常的に利用しています。数ある生成 AI ツールの中でも利用頻度は ChatGPT や Perplexity（検索エンジン×生成 AI ツール）に並ぶほどです。

Mapify は、「AI によるマインドマップ形式で全体像を整理する」という独自の機能により、「AI 時代の情報整理＆理解」という新たなスタンダードを提供します。このツールを使いこなせば、情報過多の時代を有利に生き抜く力を得られるでしょう。

1-2 マインドマップとは?

Mapify の解説に入る前に、そもそも本家のマインドマップとはどのようなものか、その特徴や活用シーンを簡単に紹介しておきます。

マインドマップは、1970 年代初めにトニー・ブザン氏が提唱した思考の表現方法です。この手法は、脳が自然に情報を処理する方法に着目し、頭の中の考えを視覚的に描き出すことで記憶を整理し、発想を促進するものです。**情報の全体像を一目で把握**でき、ビジネス、教育、個人の学習など、様々な場面で活用されています。

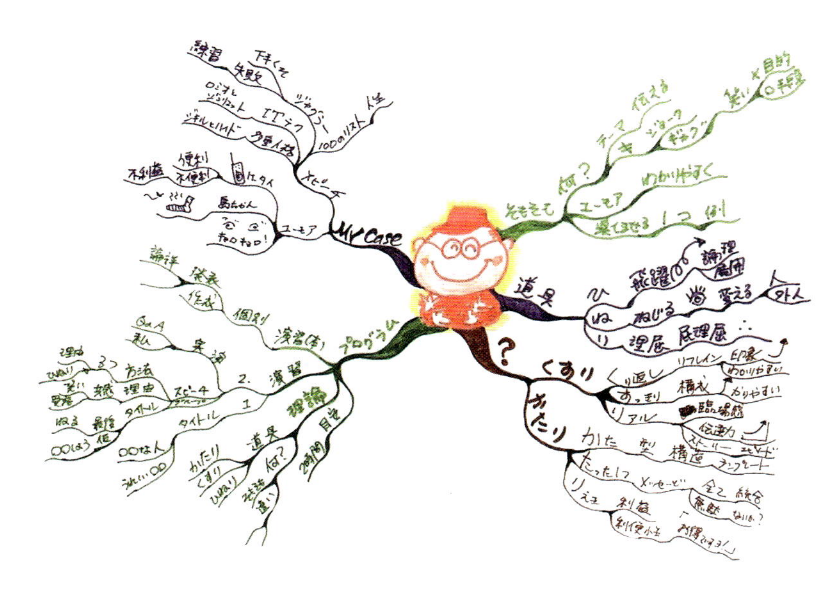

マインドマップの例。ユーモアスピーチの準備のために作成 (大嶋友秀氏作)

マインドマップの特徴

マインドマップは、情報やアイデアを視覚的に整理するため、次のような特徴を持っています。

中心から広がる階層構造

中心から枝分かれする放射状の構造が特徴的です。真ん中に主要テーマを置き、周りにキーワードやフレーズを追加していき、さらにそれぞれ細分化することで、**情報の階層構造を自然に視覚化**できます。例えば、「生成 AI の基本」という YouTube 動画をテーマにしている場合、中心に「生成 AI」を置き、その周囲に「概要」「活用事例」「注意点」「未来の展望」などを分岐させることで、動画の内容が一目で把握できます。

キーワードやフレーズを使用

長文ではなく、簡潔なキーワードや短いフレーズを使うことで、情報が直感的に理解しやすくなります。この方法により、重要なポイントが一目でわかる形に整理されます。

色やイメージの活用

マインドマップでは、言葉と同様に色やイメージが効果的に使用されます。トニー・ブザン氏は「脳の第１言語はイメージである」と言っています。例えば、枝ごとに異なる色を使うことで情報の区分けが明確になり、絵を追加することで記憶に残りやすくなります。

マインドマップの理解しやすさ

マインドマップは、視覚的な工夫と構造化された形式により、情報の理解を大きく助けます。

全体像の把握

一枚のマインドマップには、テーマに関するすべての情報が凝縮され、図として視覚化されています。このため、複雑な情報や多くの要素が絡む内容でも、一目で全体像を俯瞰し、必要な部分を素速く見つけることができます。

階層構造の明確化

中心に主要テーマを置き、そこから枝分かれして広がる構造により、情報の関連性や重要度が自然と視覚化されます。どの情報が核となるのか、またそれぞれがどう関連しているのかが明確になるため、情報の流れを理解しやすくなります。

漏れや重複の把握

マップ化して全体が把握できることで、**情報の漏れや重複に気づきやすく**なります。コンサルティング業界では、もれなくダブりなくという意味のMECE（Mutually Exclusive and Collectively Exhaustive）という言葉がよく使われますが、このような思考をしやすくなります。

重要な情報にフォーカス

マインドマップは、簡潔なキーワードや短いフレーズにまとめられるため、重要な情報に集中できます。これにより、**読み手の注意を本質的なポイントに引きつけ**、不要な情報を排除した効率的な理解を促します。

マインドマップの活用シーン

マインドマップは、その汎用性の高さから様々な場面で活用されています。主な活用シーンとしては、学習、ビジネス、個人の成長が挙げられます。

学習

ノートテイキング　講義や読書の内容を整理し、要点を視覚化することで効率的な学習が可能になります。特に複雑なテーマでも、全体像を捉えやすくなります。
記憶力向上サポート　キーワードやイメージを用いた視覚的な表現が記憶の定着を助けます。色や図を活用することで、重要な情報が頭に残りやすくなります。
学習計画の作成　試験の出題範囲や必要な学習タスクを整理し、学習スケジュールを構築する際に役立ちます。

ビジネス

ブレインストーミング　新しいアイデアを出したり、課題を解決するための発想を促進します。視覚化することで、複数のアイデアを関連づけやすくなります。
プロジェクト管理　タスクやリソースを可視化し、進捗を整理するために使用されます。プロジェクト全体の流れを一目で把握できるのが利点です。
コミュニケーションツール　チーム内で情報やアイデアを共有する際に、思考プロセスや意図を簡潔に伝える手段として活用できます。

個人の成長

自己分析　スキルや経験、目標を視覚化して、次のステップを明確にするのに役立ちます。
時間管理　タスクや優先事項を整理し、効率的なスケジュールを作成するのに便利です。
問題解決　複雑な課題を分解し各要素を整理することで、適切な解決策を見つけやすくできます。

Mapify の価値

Mapify は、従来のマインドマップのように「一から作成する」ことを求めるものではなく、既存の情報を瞬時に「マインドマップ」形式へ変換するツールです。そのため、手描きの手間を省き、効率的な情報整理を行うことで、大量のデータや複雑な情報を短時間で理解できます。これによって**情報過多の時代における迅速な意思決定を支援**します。

Mapify は、マインドマップの可視化力を最大限に活用することで、時間と労力を削減しながら情報の本質に迫ることが可能です。具体的な活用シーンは第 3 章〜第 5 章をご覧ください。

1-3 Mapify の運営会社 Xmind とは？

Mapify の運営会社は香港の Xmind 社です。**18 年以上にわたってマインドマッピングソフトウェアの開発に特化してきた企業**です。代表的な製品である「XMind」は、世界で 1 億回以上インストールされていて、数千万人ものユーザーに愛用されています。豊富なテンプレートや直感的な操作性が特長です。同社の創業者兼 CEO であるブライアン・サン氏は、ベンチャーキャピタルからの投資をあえて断り、「一生涯続けられるビジネス」を目指すという長期的視点に基づいた経営を続けています。小規模ながらも洗練された組織づくりを重視しています。

Mapify はかつて「Chatmind」という名称で展開されていましたが、元々似たプロダクトを研究開発していた Xmind 社が買収しました。Xmind 社のマインドマップ技術と AI の可能性が組み合わさり、新たなプロダクトとしてリブランディングされたのが Mapify です。

今後もブライアン・サン氏が培ってきた長期志向の経営哲学と、Xmind 社が誇るマインドマップのノウハウが活用されることで、私たちが日常的に情報を整理し、アイデアを育む手段はさらに充実していくことでしょう。

巻末には、ブライアン・サン氏への独占インタビューを掲載しています。

https://jp.xmind.net/

1-4 他のマインドマップツールの比較

マインドマップと聞くと、XMind や MindMeister といった有名なツールを思い浮かべる人がいるかもしれません。これらの既存のマインドマップツールは、一から手動でマインドマップを作りたいときに大きな力を発揮します。白紙の状態から自分でアイデアを整理し、トピックやサブトピックを追加して、関係性を可視化していくことで、頭の中の思考を構造化できる利点があります。

一方、**Mapify は「既存のコンテンツを AI で一気にマインドマップ化する」のがメイン機能**です。PDF ファイルやウェブ上の情報、YouTube 動画といった、すでに存在するデータを取り込み、短時間で視覚的なマインドマップに変換できるのが特長です。追加で細かい編集も可能ですが、あくまでも自動変換がメインのため、従来のツールとはアプローチが異なります。

既存のマインドマップツール

既存のマインドマップツールとして有名なものをいくつか紹介します。

商品名	内容
XMind	Mapify の運営元である Xmind 社が提供しています。1 億回以上ダウンロードされた多機能マインドマップツールで、ガントチャートやテーマの切り替えなど豊富な機能を備えています。無料版でも基本的な作成は可能です。
MindMeister	オンラインで利用できるマインドマップツールで、世界で 3700 万人以上のユーザーに支持されています。ウェブベースのためデバイスを問わず操作でき、リアルタイムコラボレーション機能も充実しています。
EdrawMind	AI による自動生成機能を搭載し、1 万個以上のテンプレートを提供するなど幅広いニーズに対応するツールです。クラウド連携やモバイル対応が充実していて、リアルタイムコラボレーションでも使いやすいのが特長です。
FreeMind	オープンソースのため無料で利用できる Java ベースのマインドマッピングソフトウェアです。シンプルな操作性と軽快な動作が特長です。基本機能をカバーしつつ、多様なファイル形式でのエクスポートにも対応しています。

Mapify は「既存コンテンツの変換」に特化

Mapify の強みは、AI による解析と変換力の高さです。様々なデータ形式のインポートに対応していて、複雑な情報をパッと把握したいときに効果的です。マインドマップの作成や編集も可能ですが、XMind や MindMeister と比べると機能は限定的です。

ただ、一から作るタイプのマインドマップと Mapify では用途が違うため、どちらが良い悪いという議論はナンセンスです。前者を求める人でも、本書で Mapify の特長を理解することで、目的に応じて適切に使い分けることができるようになります。

Mapify で作ったマインドマップは、XMind で編集可能

実は Mapify で作成したマインドマップは、XMind 形式で出力することもできます。最初に Mapify で特定の資料を素速くマインドマップ化し、さらにデザインやレイアウトを整えたいときは XMind で仕上げる、ということも可能です。

第 5 章では Mapify で作成したファイルを実際にアウトプットして活用する事例を紹介していますが、こだわった編集をしたい場合に既存のツールを組み合わせるのも有効な手段といえるでしょう。

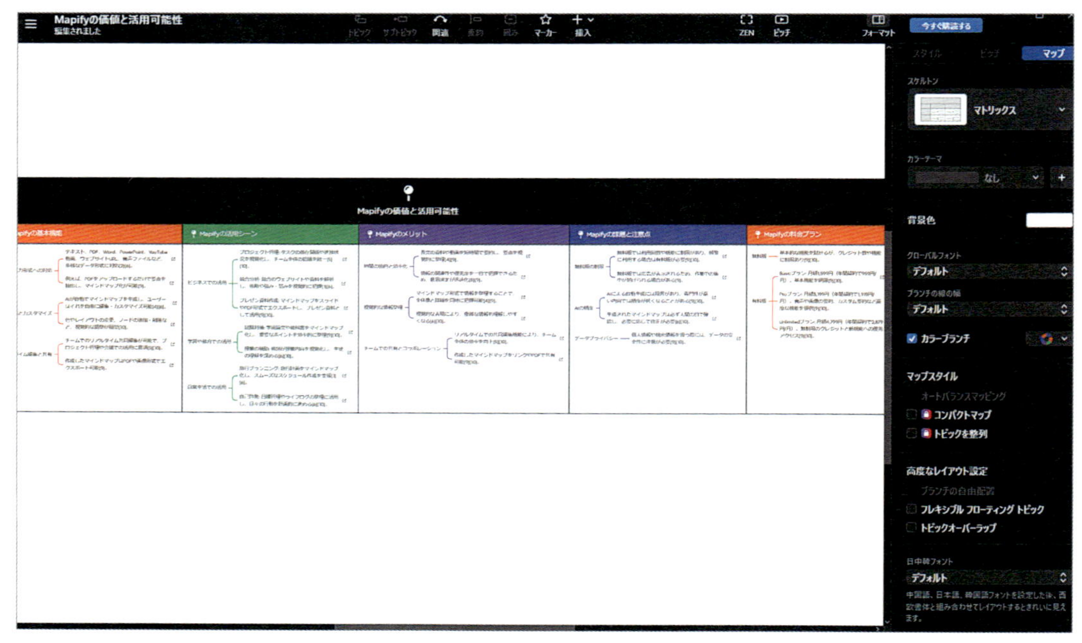

XMind の編集画面。Mapify よりも編集機能や表現パターンが多い

1-5 ChatGPTとの違い

MapifyとChatGPTはいずれも生成AIを活用するツールですが、その得意分野や活用方法には大きな違いがあります。**Mapifyは可視化・構造化に強み**があり、ChatGPTは自然な文章生成に優れている点が特長です。

Mapifyは、テキストやPDF、画像、音声、さらにはYouTube動画など幅広い形式で取り込んだ情報を、マインドマップ形式など様々な見やすいスタイルで表示してくれます。情報の全体像を理解したり、構造を把握したり、段階的にアイデアをまとめるのが得意です。

一方でChatGPTは、テキストや音声入力によって対話形式でやり取りし、文章生成やアイデア出し、コード作成、翻訳などを行うサービスです。質問に素速く答えてもらいたいときや、レポート・論文の下書き作成などに適していて、対話を通じた発想の広がりを期待できます。

今後、生成AIとマインドマップツールを連携させる動きはますます加速していくと考えられます。Mapifyが可視化に強みを持ち、ChatGPTが文章生成に強みを持つように、それぞれの長所が組み合わさることで、これまでになかったスピード感でアイデアを形にできるようになるでしょう。私が支援する企業でも、会議の内容をMapifyで整理しつつ、議事録や報告書はChatGPTを活用して短時間でまとめるという取り組みが実践され、非常に好評です。

AI時代の新しい働き方として、まずは皆さんが**MapifyとChatGPTの違いを理解し、それぞれの強みを上手に活かして**みてください。情報を整理・可視化しながら、一歩先を行く議論を展開する上で、これらのツールはきっと心強い味方になってくれるはずです。

MapifyとChatGPTの主な違い

	Mapify	ChatGPT
目的	情報の視覚化と構造化、マインドマップを使った連想的なアイデア出し	言語や音声での対話
インプット	テキスト入力や特定のまとまったファイル(PDF、パワーポイント資料、画像、動画、音声など)のアップロードを行う	テキストと画像認識を使い、会話を通じて段階的に行う。リアルタイムの音声・映像会話も可能。チャット内で音声・映像を理解することは現状できない
アウトプット	マインドマップなどの視覚的な形式で情報整理	主にテキスト形式で回答や文章を生成

1-6 利用規約と注意事項

Mapify を利用するにあたって、利用規約（2025 年 2 月時点）での注意事項を見ていきましょう。

データ学習はされない

AI ツールを利用する際に「ユーザーがアップロードしたデータが AI の学習に利用されるのでは」という懸念を持つ人も多いと思います。特に企業で利用する場合、機密情報の取り扱いは慎重に判断する必要があります。

Mapify の利用規約には、ユーザーがアップロードしたコンテンツについて、「**商業目的や広告目的でレビュー・公開・再利用・転用しない**」**と明記**されています。さらに、「サービス提供の範囲を超えてデータを閲覧･利用しない」とあり、「AI の学習目的でユーザーのデータを活用する」という趣旨の内容は含まれていません。このことから、Mapify はユーザーのデータを AI の学習用途には用いず、サービスの提供に必要な範囲内でのみ使用していると考えられます。

機密情報は守られる

利用規約の「8. CONTRIBUTION LICENSE」には、**ユーザーがアップロードしたコンテンツの所有権はユーザー本人にあると明記**されています。また、運営会社はサービス提供のために必要な範囲でのみコンテンツを取り扱うとされています。そのため、Mapify 側が勝手にユーザーのデータを外部公開したり、商業利用することはありません。ただし、法令に基づく開示要請があった場合には、運営側がデータを開示する可能性があることにも留意しておくべきでしょう。

企業での利用においては、機密文書や顧客データをアップロードする前に、「自社の情報セキュリティポリシーに適合しているか」を確認することが重要です。不安がある場合は、機密情報をアップロードせず、事前に加工したデータや匿名化した情報のみを利用する方法もあります。

商用利用は問題なし

「Mapify を業務用途で使っても問題ないのか？」という疑問を持つ人もいるでしょう。利用規約には、商用利用に関する具体的な制限は特に設けられていません。したがって、**通常の業務用途（自社の資料整理、情報管理、プレゼン準備など）で Mapify を活用すること自体に問題はない**と解釈できます。

例えば、企業内のミーティングの議事録を整理する、マーケティングのアイデアをマインドマップ化する、競合分析の情報を可視化するといった活用方法は、十分に許容範囲内です。ただし、利用規約は変更される可能性もあるため、定期的に最新の内容を確認することを推奨します。

Chapter 2

基本機能と操作

2-1 アカウント作成（無料トライアル）

Mapify を利用するにはアカウント登録が必要です。無料で 10 クレジット（プラグインをインストールすると追加で 30 クレジット）を利用可能なので、まずは無料登録し、実際に活用できそうな場合は有料プランに登録しましょう。方法は後述します。

なお、有料プランを契約する際は、**どのプランでも 10%オフで契約できるプロモーションコード「MAPIFYIKEDA」**があるので、ぜひ利用してください。

まずはウェブサイトのトップページ右上または真ん中の「無料で始める❶」ボタンを押します。

https://mapify.so/ja

登録方法は「Google アカウントでログイン」「Apple アカウントでログイン」「メールアドレス」の 3 つがあります。Google や Apple アカウントがある人は、ログインしてすぐに使えます。ここではメールアドレスを入力してみます。

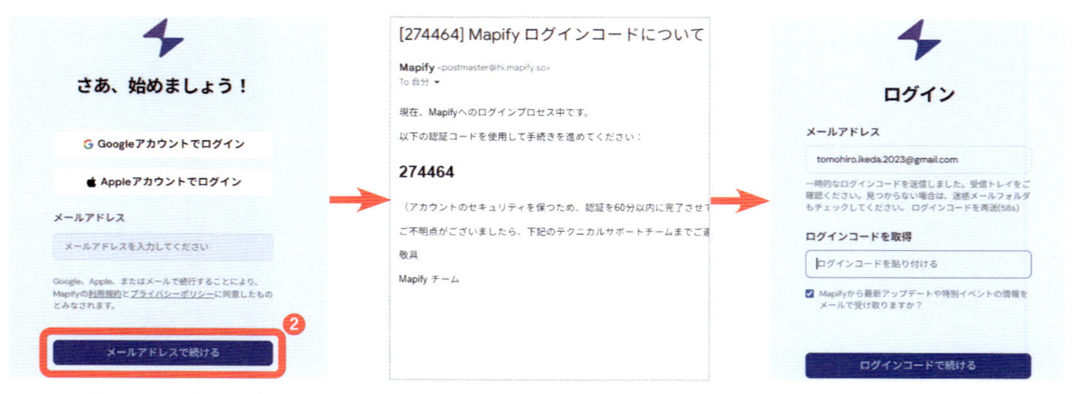

メールアドレスを入力して、「メールアドレスで続ける❷」を押す

メール宛てに、6 桁のログインコードが届く

6 桁の数値のログインコードを入力すると、次の画面に続く

「Mapify を知った経緯」「仕事内容」「利用目的」などのアンケートに回答する

回答後、Mapify のホーム画面が表示されてトライアルで利用できる

クレジットとは？

クレジットとは、生成 AI の機能を使用するたびに消費されるポイントのようなものです。マインドマップの生成や修正、AI チャットなどにより Mapify を利用するたびに消費されます。画面右上に残りの数値が表示されます❸。登録直後は 10 クレジットが無料で付与されます。また、後述する Chrome 拡張をインストールすると、さらに 30 クレジットが付与されます。

なお、既存コンテンツを変換する場合、データの分量次第でクレジット消費量が異なります。

＊ 1000 文字程度のテキスト = 1 クレジット程度
＊ 10 ページ程度の PDF ＝ 5 クレジット程度
＊ 30 ページ程度の PDF ＝ 10 クレジット程度
＊ AI とのチャット = 2 クレジット

また、新規で作成する場合は以下が消費の目安です。

＊新規で作成 = 0.5 クレジット程度
＊ウェブ検索を使って新規で作成 = 2 クレジット程度

クレジットの消費量はかなり早いので、たくさん利用したくなった人は、Basic プランではなく、Pro プランや Unlimited プラン（48 ページ参照）を検討するとよいでしょう（私はもちろん Unlimited プランです）。

2-2 既存コンテンツからマインドマップ生成

Mapify の最も強力な価値は、**ウェブサイト・テキスト・PDF・パワーポイント・YouTube 動画などの様々なコンテンツ**をマインドマップ形式に変換し、全体像や概要を整理できることです。

対応コンテンツ（メニュー）

左メニューに様々なコンテンツのパターンがあります。2025 年 2 月時点での対応コンテンツは以下です。なお「何でも質問」は、ゼロから新しくマインドマップを作成する機能となり、次節で紹介します。

コンテンツ	仕様
PDF	対応ファイル形式:PDF（.pdf）/ ワード（.docx）/ マークダウン（.md）/ テキスト（.txt）に対応、ワードでも（.doc）は未対応、ファイルサイズは 50MB まで
ファイル	対応ファイル形式・ファイルサイズ：「PDF」と同様 ※ PDF 以外にも対応していることを表すために別メニュー扱い
研究論文	対応ファイル形式・ファイルサイズ：「PDF」と同様 ※論文用に最適化
パワーポイント	対応ファイル形式：パワーポイント（.ppt / .pptx)、ファイルサイズは 50MB まで
スプレッドシート	対応ファイル形式：エクセル（.xlsx)、CSV（.csv）に対応、エクセルでも .xls や .xlsm は未対応、ファイルサイズは 50MB まで
長いテキスト	テキストデータを直接入力可能、文字数は 2000 万文字まで
メール	テキストデータを直接入力　※長文のメール整理に最適化
YouTube	YouTube の URL を入力　※時間制限は特になし
ビデオファイル	対応ファイル形式：mp3 / mp4 / .wav / .avi など、ファイルサイズは 250MB まで（2 時間まで）
ウェブページ	ウェブサイトの URL を入力
ブログ投稿	ウェブサイトの URL を入力 ※ブログ記事の要約・ポイント整理に最適化
ソーシャルメディア	X のアカウント URL を入力
オーディオファイル	対応ファイル形式：mp3 / mp4 / .wav / .avi など、ファイルサイズは 250MB まで（2 時間まで）
ポッドキャスト	Apple Podcast に対応

変換時の設定

メイン画面の左下にある設定ボタンから、いくつかの設定項目を選べます。

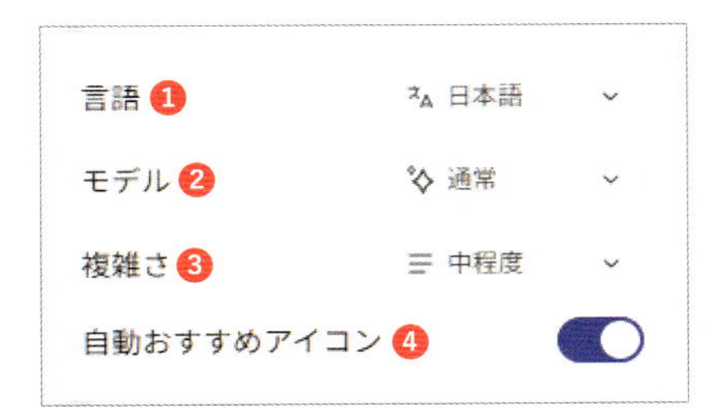

言語❶ 日本語、英語、フランス語、中国語、韓国語など 30 言語以上に対応

モデル❷ 通常／高性能：詳細なマインドマップを作成可能（Pro プラン以上）

複雑さ❸ 中程度／簡潔（Basic プラン以上）／詳細（Basic プラン以上）

自動おすすめアイコン❹ マインドマップに AI が自動的にアイコンを付与

要求プロンプト

マップを作成する際に、任意項目として、プロンプトを入力することができます。ファイルをアップロードしたり、リンクを貼ると、Mapify ボタンの上（入力画面の右下）に 1 行で入力ボックスが現れます❺。本書では便宜上「要求プロンプト」と呼びます。

以下のような「要求プロンプト」を入力することで、出力内容をコントロールできます。実際の活用シーンは第 3 ～ 5 章でも紹介します。

最も重要な内容を抽出してください

簡単なことばで要約してください（専門用語が減り、内容が理解しやすくなる。精度はやや低減）

面白い言い方で要約してください（優しく、興味を引く言葉を使いやすくなる）

原文を一切変えずにマップ化してください（長いテキストやマークダウンテキストを変換する際に、元ワードをそのまま使いやすくなる。完璧ではない）

明日からすべきこと（アクション）も追加してください（セミナー内容や資料内容をまとめた上で、そこからのアクションの提言も追加する）

〇〇（例：売上推移の変化）の視点で分析してください（データ分析をする際の視点を定義）

作成中の表現形式変更

マインドマップを作成中に、画面下に「スタイル（マインドマップの表現形式）❻」と「色❼」の候補が表示されます。選択すると、変更後をイメージしながらマップのスタイル・色を変更できます。毎回コンテンツ内容に合わせて複数のスタイルと色がピックアップされます。表示されていないスタイルや色にも後から変更できます。

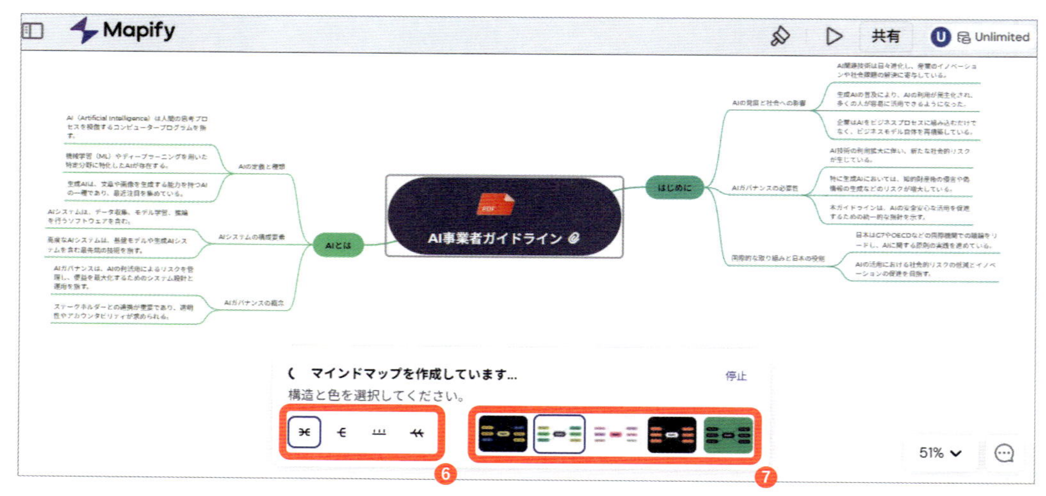

スタイル・色の変換候補は毎回自動で表示される

YouTube のタイムスタンプ機能

YouTube 動画をマップ形式にすると、ノードの中にタイムスタンプが表示されます。また、その横にアイコンが表示されます❽。アイコンをクリックすると、マップ内にポップアップ画面が表れて、該当箇所から動画を再生できます。

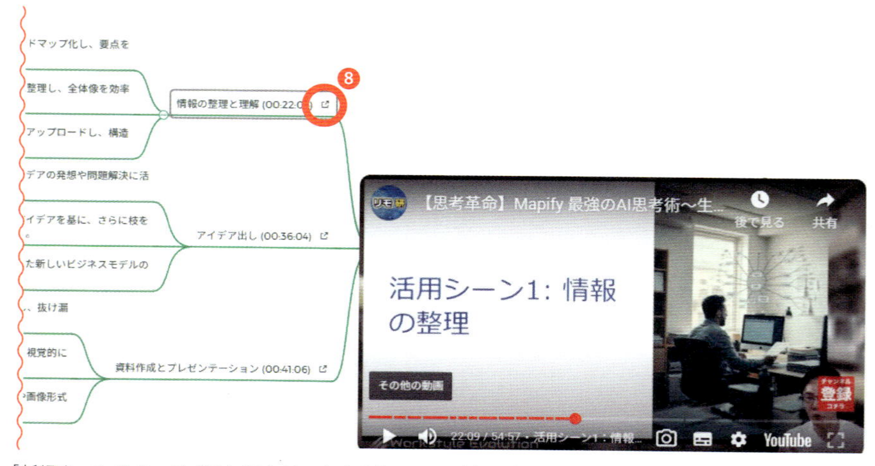

「新規ウィンドウ」アイコンをクリックすると、マップ内で動画を再生できる

2-3 Chrome 拡張機能

Mapify には Google Chrome ブラウザ用の拡張機能があります。**拡張機能を使うことで、ウェブサイトや YouTube で、サイトを移動することなく、その場でマップを作成**でき、非常に便利です。

拡張機能の追加方法

Chrome 拡張を導入するには、Chrome ブラウザで Mapify にログインした上で、画面右上のクレジット数値をクリックしてメニューを開き、下から 2 番目にある「プラグイン❶」を押します。

Chrome 拡張のインストール画面に移動します。デフォルトだと中国語で表示されます。画面右上の「添加至 Chrome❷」ボタンを押します。

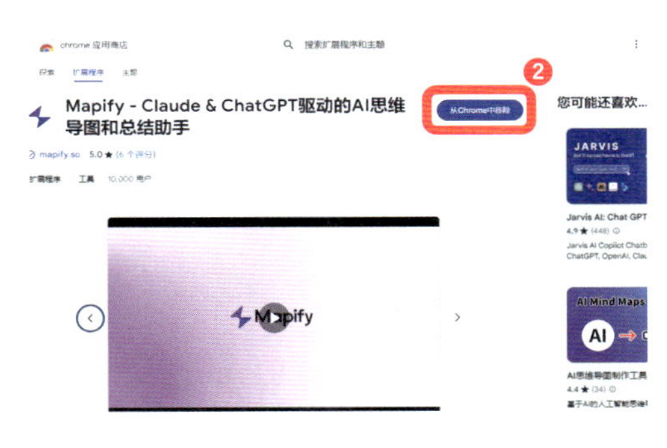

インストール確認の表示が出るので、「拡張機能を追加❸」ボタンを押しましょう。

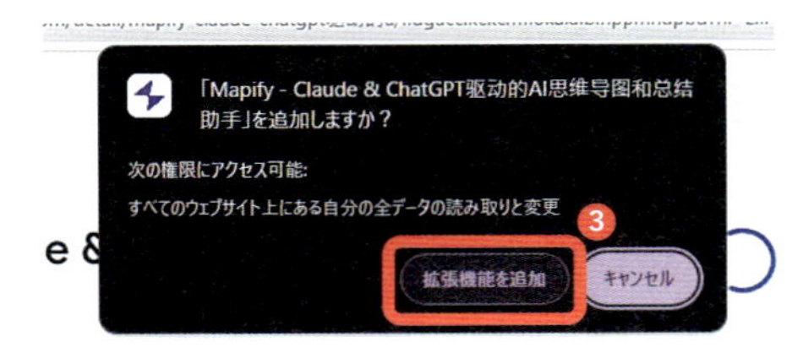

便利に使うために、拡張機能のボタンを押し、Mapify のピンアイコン❹を選択し、表示しておきましょう。

なお、拡張機能を追加すると、30 クレジットが追加されます（2025 年 2 月時点）。

ウェブサイトで拡張機能を使う

マップにしたいウェブサイト（記事やブログなど）があったら、拡張機能をクリックし、「マインドマップとしてまとめる❺」を押します。

すると、画面右下にMapifyのウィンドウが表示❻され、マップ生成がスタートします。

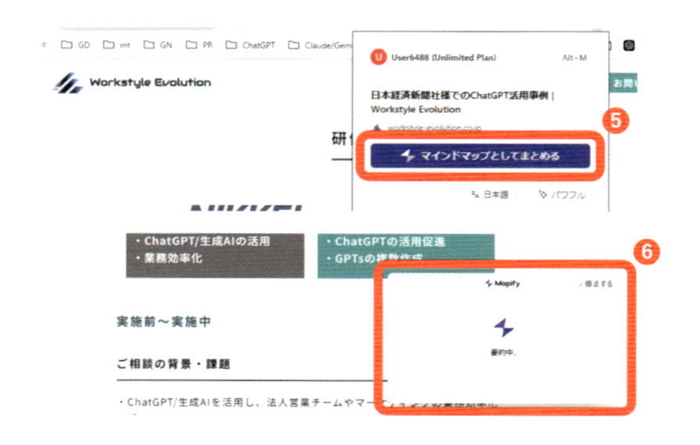

ウィンドウサイズの変更はマウスを画面の端に合わせる操作から可能です。マップの拡大・縮小は、Ctrlキーを押しながらマウスのスクロールボタンで、マップの移動は、マップ上にマウスの右ボタンを押しながらマウスをドラッグ＆ドロップで行います。

また、左上の「タブで開く❼」を押すと、Mapifyサイトでマップを開けます。マップの編集やスタイル変更、色変更、出力などの機能は、Mapifyサイトで開かないと利用できません。

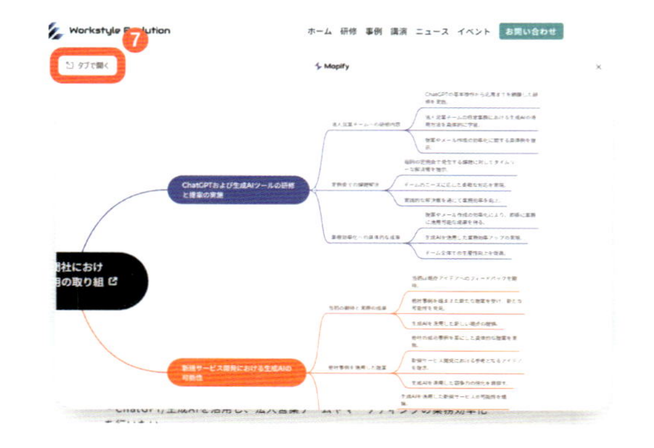

YouTubeで拡張機能を使う

YouTubeでは、動画の評価ボタンと共有ボタンの間に「要約する❽」というMapifyボタンが追加されます。

このボタンを押すと、YouTubeの画面上でマップが生成されます。操作方法はウェブサイトと同様です。また、ポップアップ画面の左上にある「タブで開く❾」を押すと、作成したマップをMapifyのページで開くこともできます。ここで作られたマップも、Mapifyの「すべてのマップ」に自動で保存されます。

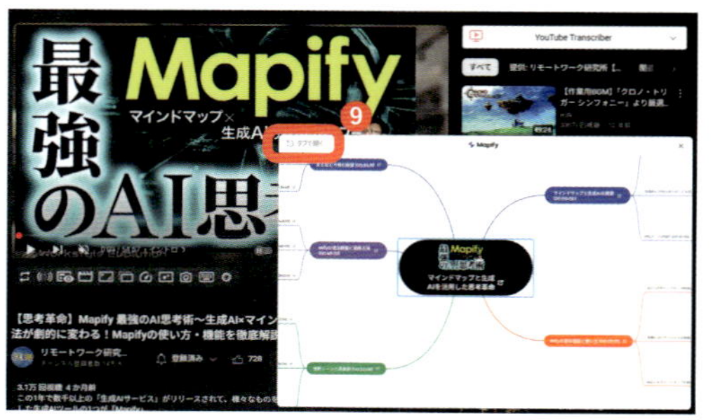

2-4 ゼロからマインドマップ生成

左メニューから「何でも質問❶」を選ぶと、ゼロからマインドマップを生成できます

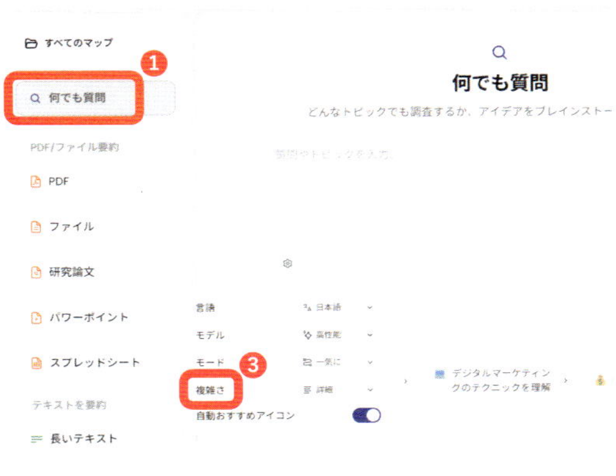

真ん中の入力ボックスにテーマを入力します。必要に応じて設定を調整し、「Mapify❷」ボタンを押します。

入力したトピックをまとめてくれます。ここでは「複雑さ❸」の設定を「中程度」にしていますが、次ページで「簡潔」と「詳細」の場合も掲載したので比べてみてください。

中程度

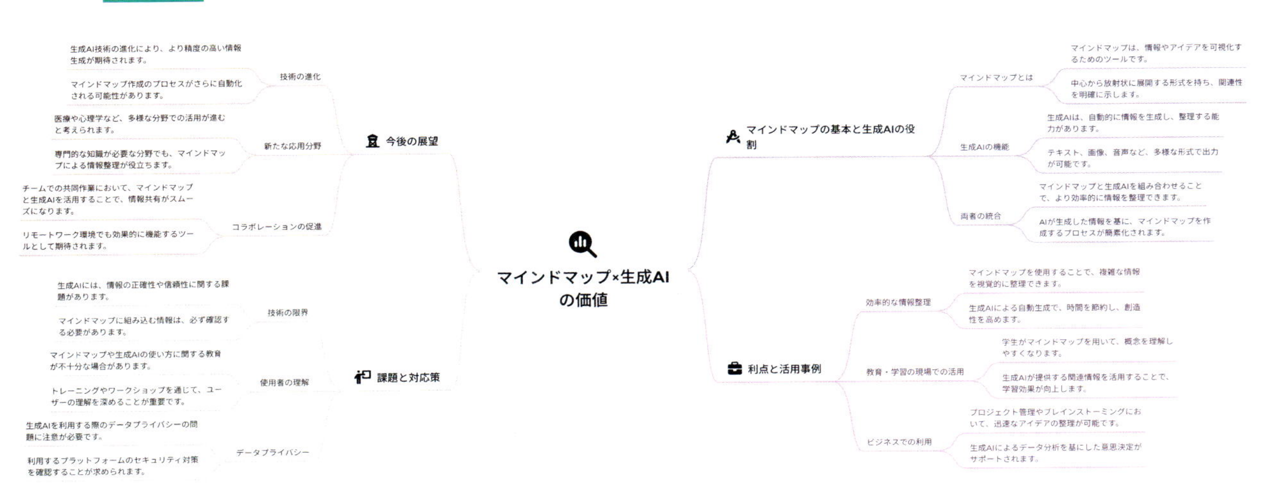

複雑さ：簡潔

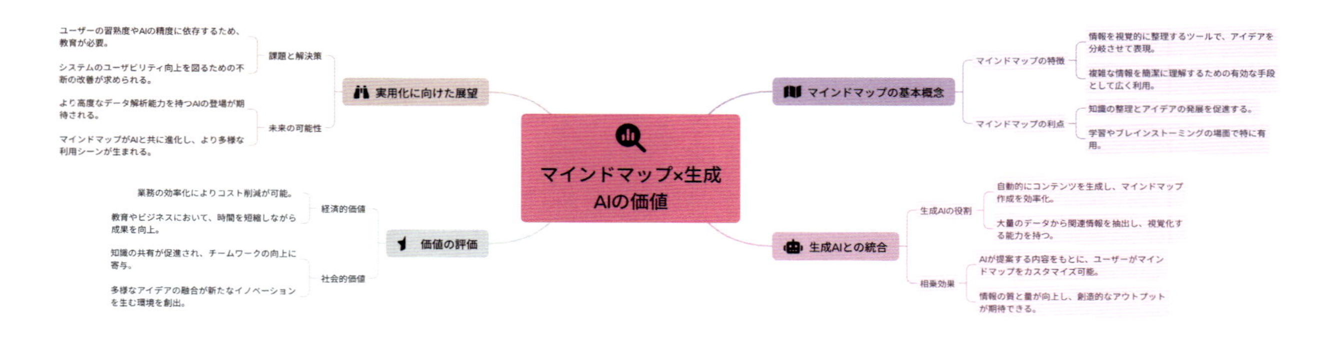

複雑さ：詳細

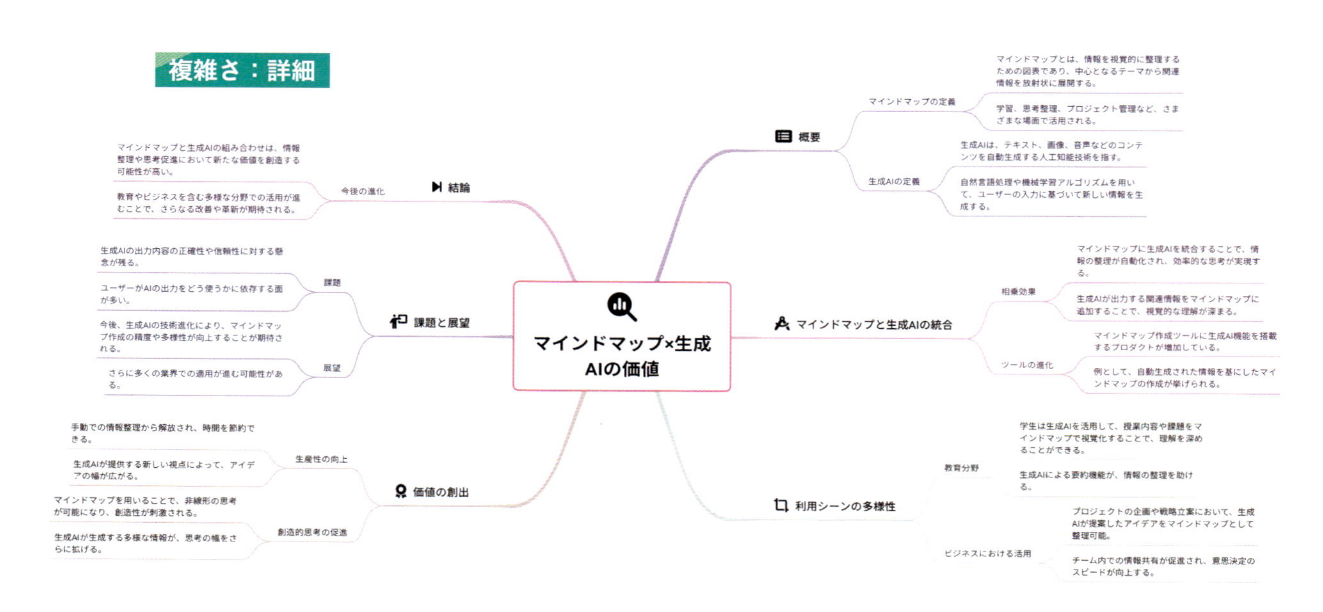

「段階的」な生成

「何でも質問」には、生成の「モード❹」が2つあります。3階層程度のマインドマップをまとめて作成する「一気に」と1階層ずつマインドマップを徐々に作成する「段階的に」です。

モードで「段階的に」を選ぶと、途中で各ノードの内容を調整しながら進めることができ、より自分の意図にそったマップを作成できます。ステップバイステップで考えたい人に向いているモードです。

「段階的に」で生成すると、まず最初のノードが生成され、ここで確認・修正ができます（詳しい操作方法は次節でご紹介します）

「段階的に」で作った第１段階のマップ

画面下部の「次へ❺」を押すと、それぞれのノードに子ノードが生成されます。ここでも確認・修正が可能です。「完了」を押すと、マインドマップが完成となります。

「段階的に」で作った第２段階のマップ

さらに「次へ」を押すと、3階層目の子モードが生成されます。4階層目以降を生成するためには、自分で各ノードに追加していきましょう。

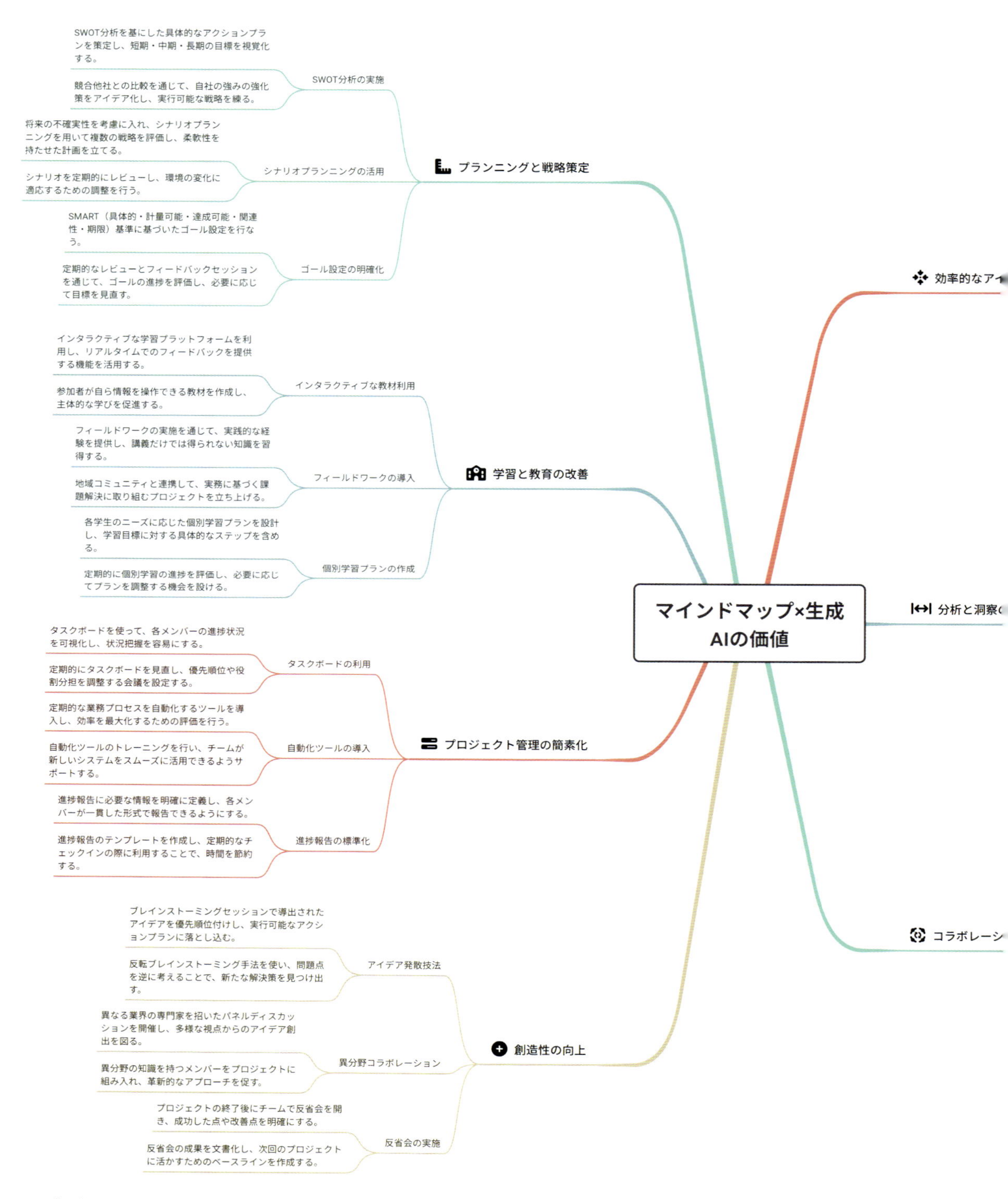

「段階的に」で作った第3段階のマップ

ウェブ検索を使った生成

「ウェブ検索」を使うと、インターネット上の関連情報を検索し、その結果に基づいてマップを作成します。根拠になっているサイトは各ノードで確認できます。単なるアイデアではなく、根拠に基づいてリサーチ・情報整理したい場合に最適なオプションです。

右下の「ウェブ検索❻」をオンにし、生成すると、マインドマップが生成されます。なお、ウェブ検索を使う時には「段階的に」モードを使うことはできません。

ノードの中に「新しいウインドウを開く❼」ボタンが入っているものは、インターネット上に根拠があるものです。アイコンをクリックすることで、元サイトを開くことができます。

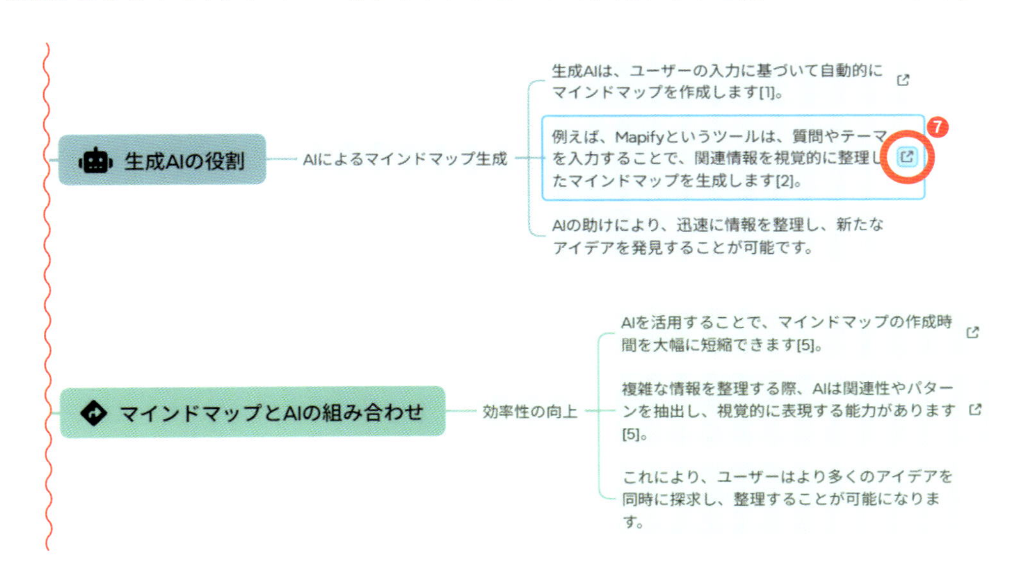

2-5 マインドマップの編集

生成されたマインドマップは自由に編集可能です。ノードを選択して右クリックすると、編集メニューとショートカットキーが表示されます。各操作の結果を確認していきましょう。

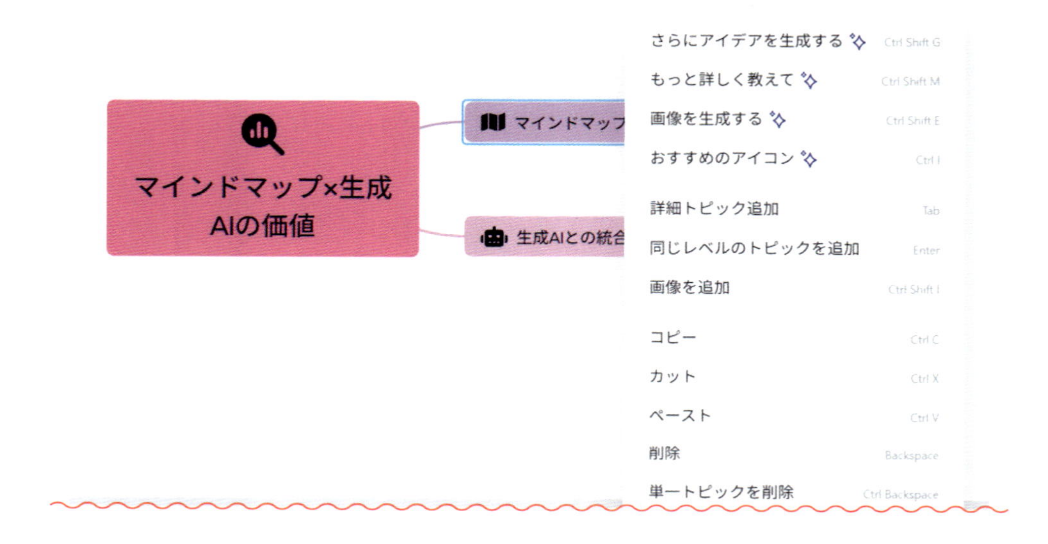

さらにアイデアを生成する

子ノードとして5つのノードを追加します❶。マップを拡大していく時に便利です。クレジットは消費しません。画面下部の「元に戻す❷」を押すと、追加内容を削除できます。

もっと詳しく教えて

AI チャットが開き、そのノードに関する内容を教えてくれます。AI チャットについては次節で詳しくご紹介します。

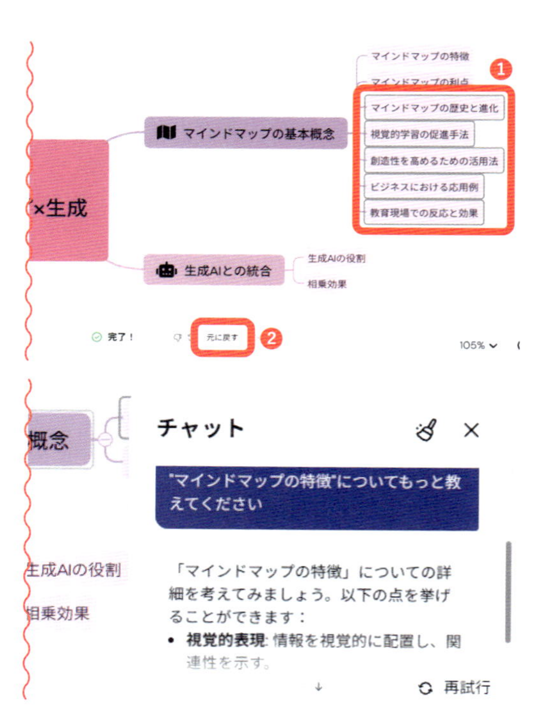

画像を生成する

ノードの内容に関連する画像を生成します❸。生成には数十秒時間がかかります。大きな画像が追加されるので、特別に目立たせたいノードがある場合に使えます。なお、生成された画像を選択して右クリックし、新しいウインドウに表示すると、大きい画面で確認したり、名前を付けて保存したりすることもできます。

おすすめのアイコン

小さなアイコンを作成します❹。画像と比べて、非常に早く生成できます。ちょっとした強調に便利です。

詳細トピック追加

子ノードを追加します❺。Tab キーを押しても作成できます。

同じレベルのトピックを追加

兄弟ノード（同じレベルのノード）を追加します❻。Enter キーを押しても作成できます。

画像を追加

自分の画像をアップロードし、ノードに追加します❼。

コピー＆ペースト

選択したノードとその子ノードをコピーできます。ペーストすると、他ノードとは繋がらない形でコピーしたものが複製されます❽。

カット＆ペースト

選択したノードとその子ノードをカットできます。ペーストすると、コピーした時と同様に、他のノードとは繋がらない形でカットしたものが複製されます。

削除

選択したノードとその子ノードをまとめて削除します。

単一トピックを削除

選択したノードだけを削除します。子ノードは、その親のノードに接続され残ります。

ノードの移動（ドラッグ＆ドロップ）

ノードを左クリックで押しながらマウスを動かすことで、ノードの場所・階層を変更できます❾。

やり直し

ワードなどと同様に「Ctrl + Z（Mac は Command + Z）」で操作を１つ前に戻せます。

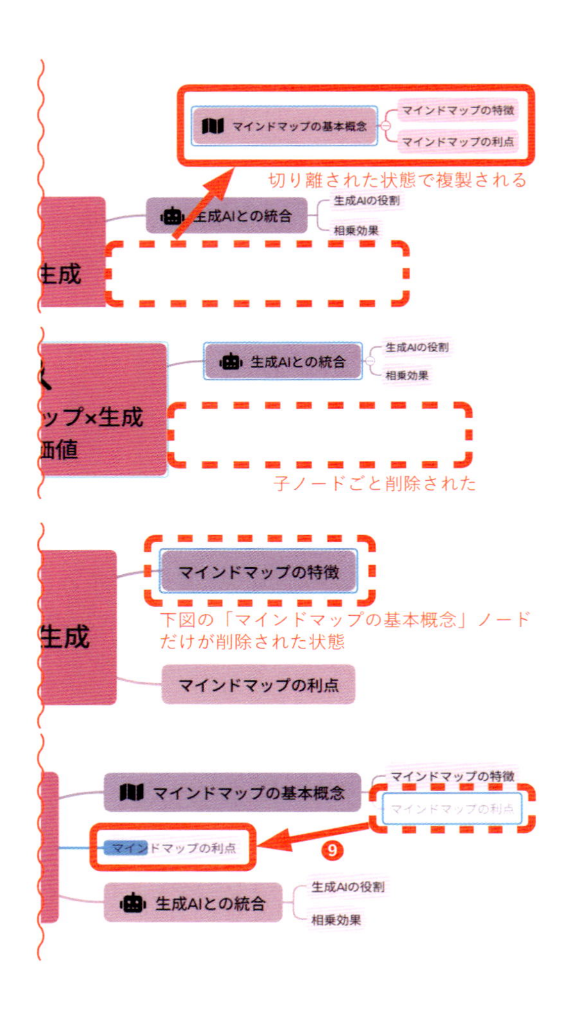

2-6 AI チャット相談

Mapify では、マインドマップ画面上で AI チャットに相談することができます。

AI チャットの開始

チャットを開始するには、以下の 2 つの方法があります。

方法 1
画面右下のチャットアイコンをクリック❶

方法 2
ノードを右クリックし、「もっと詳しく教えて」を押す

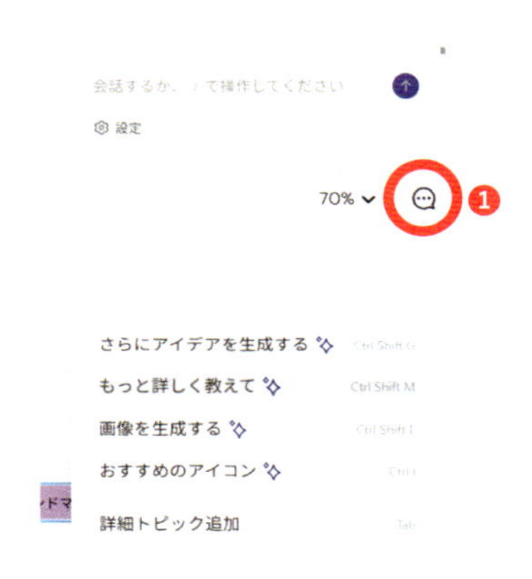

AI チャットでできること

AI チャットには以下の機能があります。

AI に質問
チャットに質問することで、AI が回答してくれます。ChatGPT などと同様ですが、回答は簡潔で短めです。

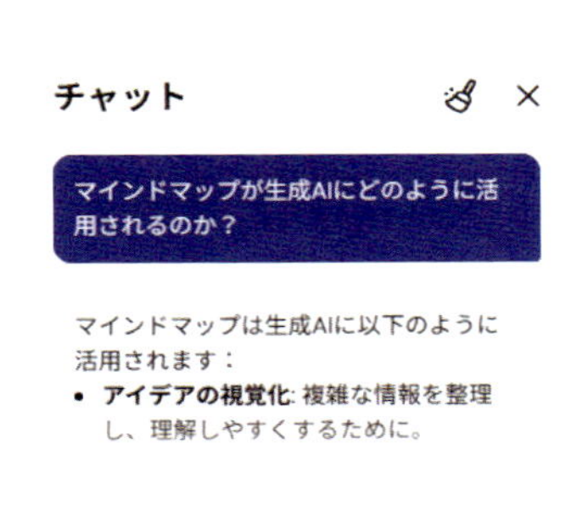

主要ポイントをまとめる
チャットの回答結果をさらにまとめてくれます。Mapify では、もともと端的な回答が多いので、使う機会はあまり多くないでしょう。

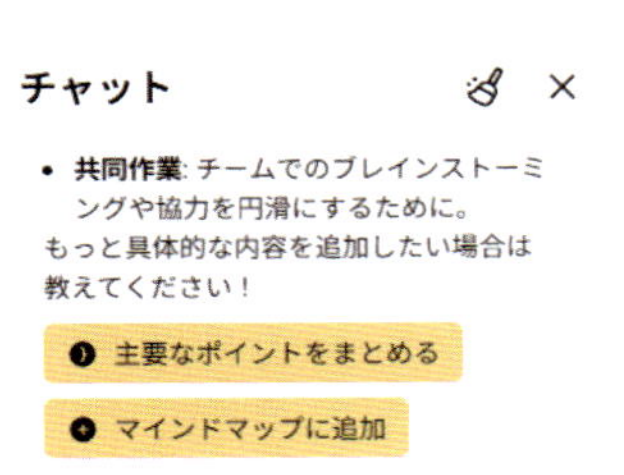

マインドマップに追加

AI チャットの内容をマップに追加できます。ノードを選択していない場合は第 1 階層のノードに追加されます❷。

特定のノードを選択すると表示が「マインドマップに追加」から「選択したトピックに追加」に変わり、クリックすると子ノードとして追加されます❸。

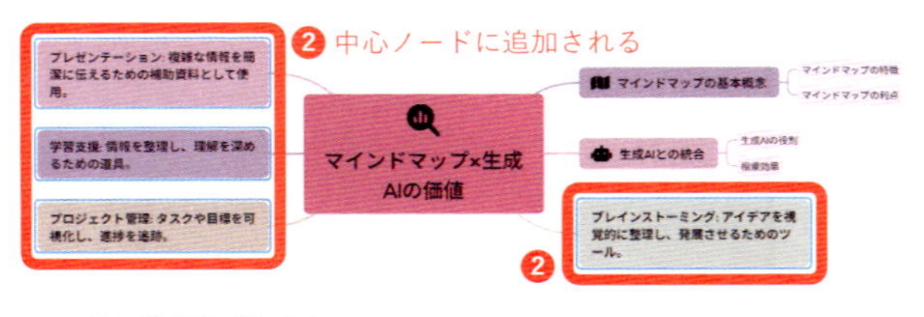

ノードを選択せずに追加

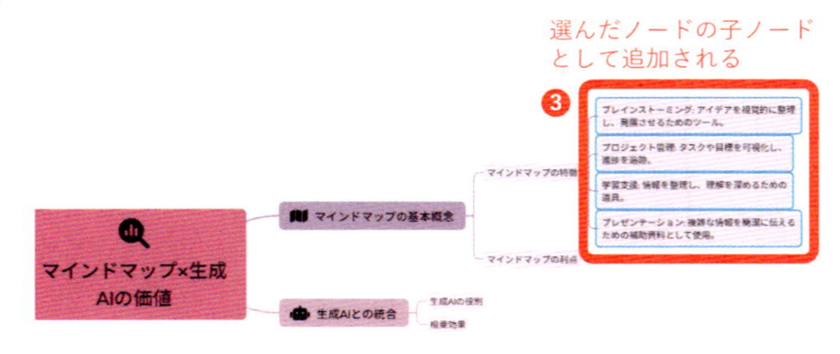

ノードを選択して追加

さらにアイデアを出す

チャット欄に半角の「/（スラッシュ）」を入力❹すると、選択肢が表示されます。「さらにアイデアを出す」を押すと、AI チャットではなく、ノードにアイデアが追加されます。前節の「さらにアイデアを生成する（32 ページ）」と同様です。ノードを選択しないと第 1 階層のノードに、ノードを選択しているとそのノードの子ノードとして追加されます。

ウェブで情報を検索する

ウェブから検索した上で、質問への回答を作成します。利用するには「設定」の「ウェブアクセス❺」をオンにする必要があります。回答結果には根拠となる URL が付与されます❻。

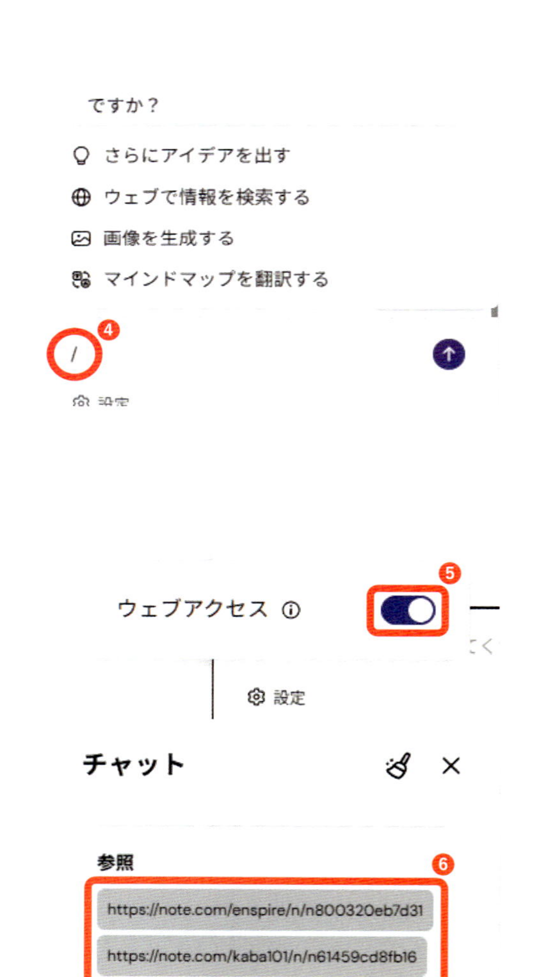

画像を生成する

画像生成プロンプトを作成してくれます。最初はプロンプト例が提案され、次に「はい」を押すと画像が生成されます。ノードを選択しないと中心のノードに、ノードを選択するとそのノードに関連する画像生成のプロンプトを提案してくれます。なお、画像生成はPro または Unlimited プランのユーザーのみ利用可能です。

マインドマップを翻訳する

マインドマップの全ノードを、対象言語にまとめて翻訳してくれます。

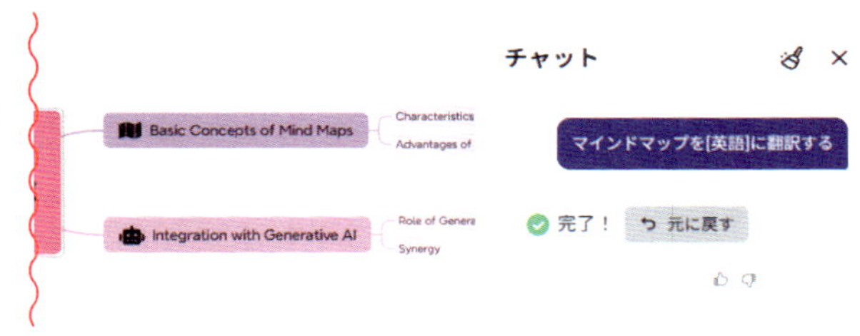

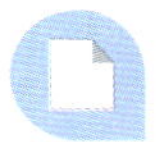 AI チャットの価値

AI チャット単体では、ChatGPT や Gemini などの AI チャットの方が便利ですが、Mapify では以下のような利用価値があります。

特定の情報を深掘りできる

マインドマップ内の特定ノードの内容が難しい・理解できない場合に、ノードを右クリック→「もっと詳しく教えて」で説明してもらえます。

マップに追加できる

回答内容をそのままマインドマップに追加できます。調査結果や思考過程を最終的にマップにまとめたいときに AI チャットは便利です。

チャットには 1 回あたり 2 クレジット程度を消費してしまうので、トライアルでの利用はあまりおすすめできません。有料プランでクレジットが十分ある状態で利用しましょう。

2-7 様々な表現形式（スタイル）

Mapifyでは、マインドマップ以外にも様々な表現形式を使うことができます。マインドマップ右上の「はけ（フォーマット）アイコン❶」を押すと、スタイル変更ができます。

表現形式（スタイル）の一覧

右ページは2025年2月時点で対応している6つのスタイルです。XMindでは他にもフォーマットがあるため、今後、新たなスタイルが追加される可能性もあります。用途別のおすすめの表現形式は第3章～第5章でご紹介しますが、自分が最もピンとくるものを利用すれば問題ありません。

表現形式（スタイル）の一覧

形式名	パターン	具体例
マインドマップ	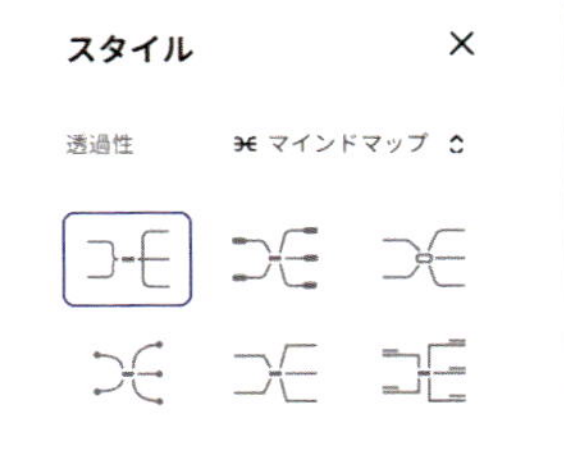 スタイル × 透過性　マインドマップ	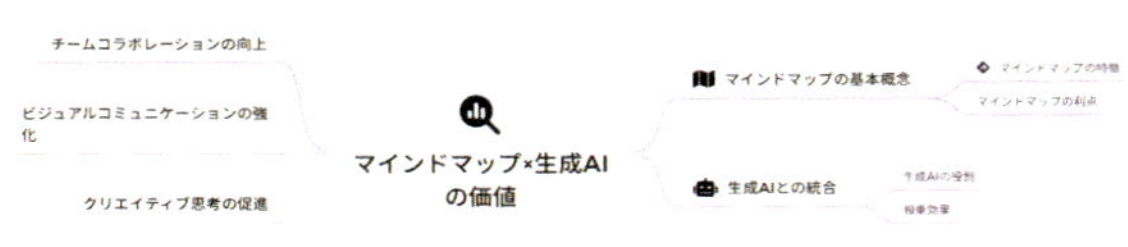 チームコラボレーションの向上 ビジュアルコミュニケーションの強化 クリエイティブ思考の促進 マインドマップ×生成AIの価値 マインドマップの基本概念 マインドマップの特徴 マインドマップの利点 生成AIとの統合 生成AIの役割 相乗効果
ロジックチャート	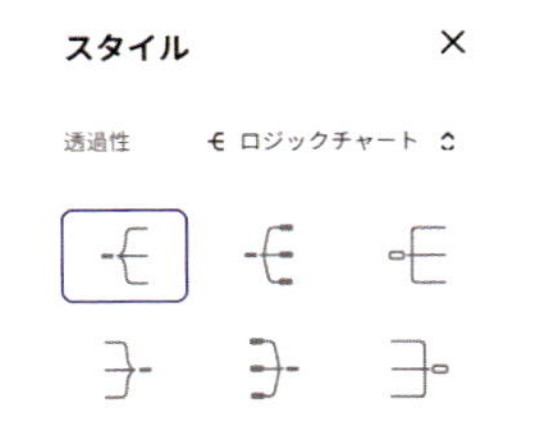 スタイル × 透過性　ロジックチャート	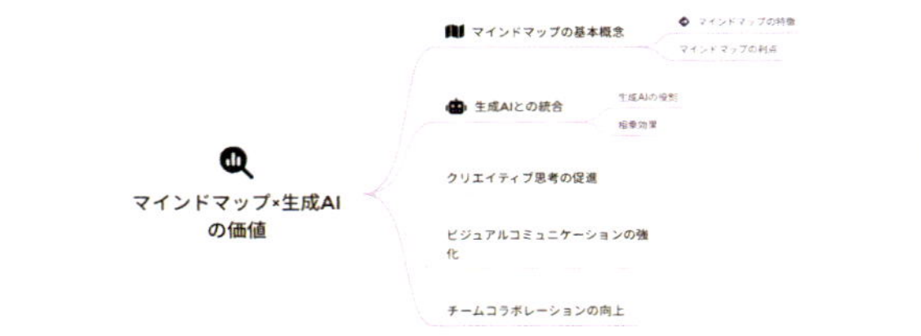 マインドマップ×生成AIの価値 マインドマップの基本概念 マインドマップの特徴 マインドマップの利点 生成AIとの統合 生成AIの役割 相乗効果 クリエイティブ思考の促進 ビジュアルコミュニケーションの強化 チームコラボレーションの向上
ツリーチャート	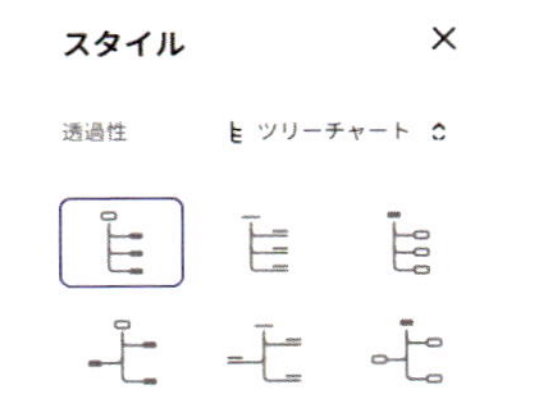 スタイル × 透過性　ツリーチャート	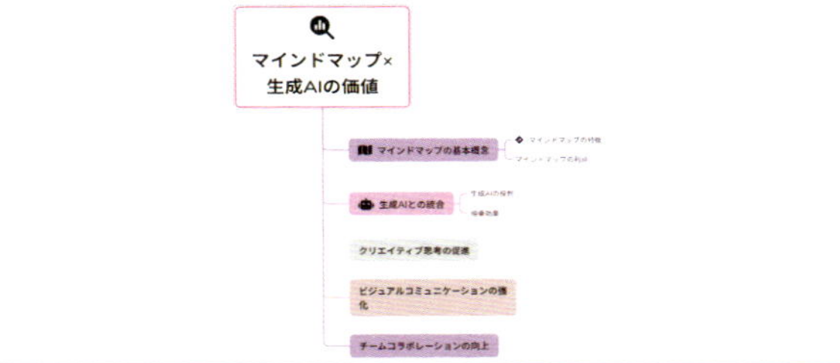 マインドマップ×生成AIの価値 マインドマップの基本概念 マインドマップの特徴 マインドマップの利点 生成AIとの統合 生成AIの役割 相乗効果 クリエイティブ思考の促進 ビジュアルコミュニケーションの強化 チームコラボレーションの向上
タイムライン	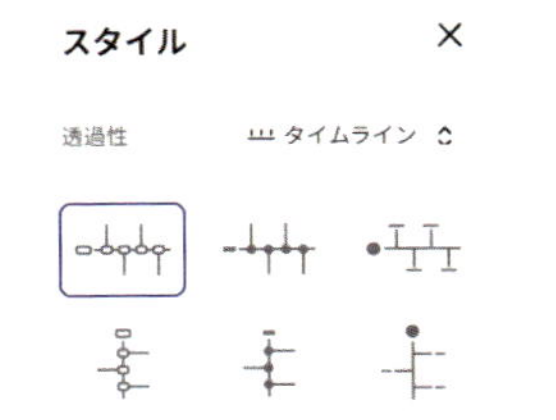 スタイル × 透過性　タイムライン	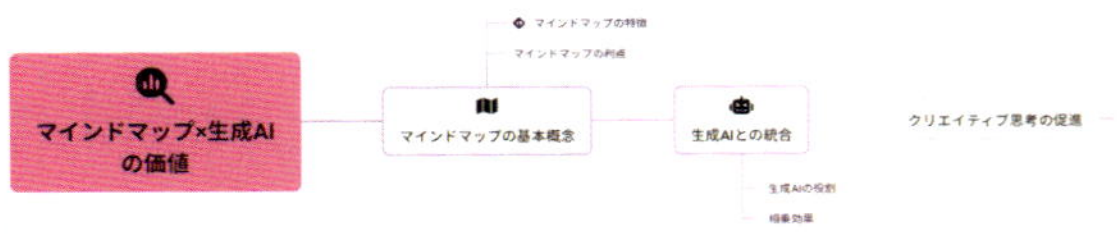 マインドマップ×生成AIの価値 マインドマップの特徴 マインドマップの利点 マインドマップの基本概念 生成AIとの統合 生成AIの役割 相乗効果 クリエイティブ思考の促進
特性要因図	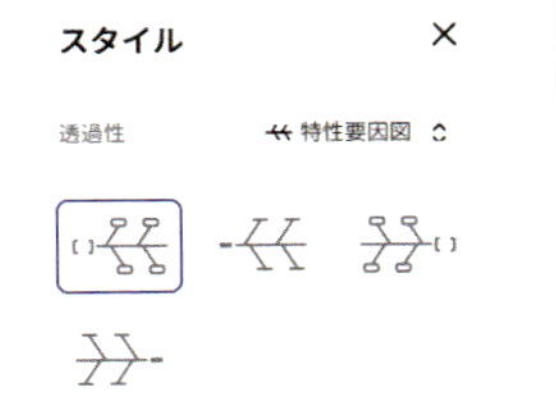 スタイル × 透過性　特性要因図	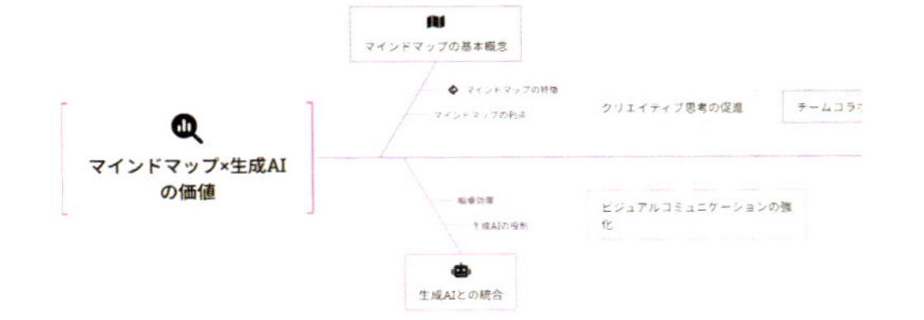 マインドマップの基本概念 マインドマップの特徴 マインドマップの利点 マインドマップ×生成AIの価値 クリエイティブ思考の促進 チームコラ 相乗効果 生成AIの役割 ビジュアルコミュニケーションの強化 生成AIとの統合
グリッド	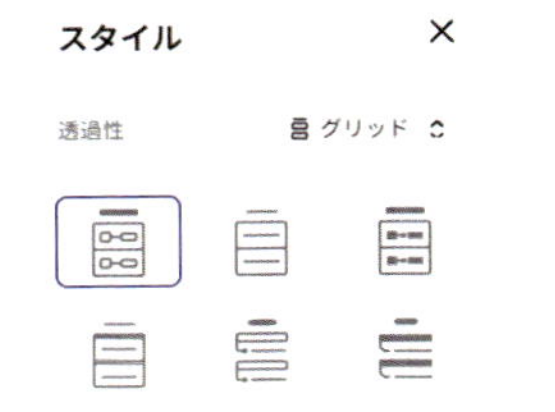 スタイル × 透過性　グリッド	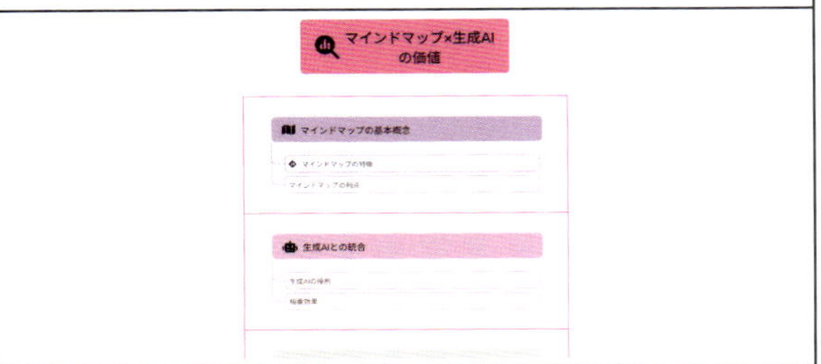 マインドマップ×生成AIの価値 マインドマップの基本概念 マインドマップの特徴 マインドマップの利点 生成AIとの統合 生成AIの役割 相乗効果

同じスタイル内でのデザインパターン

同じスタイルでも 6 つの個性的なデザインパターンがあります❷。シンプルなものから装飾的なものまで、可読性やインパクトに差があるので、用途に応じて使い分けましょう。他者への説明で多用する場合、このデザインというものが決まれば、個性が出てより印象づけることもできます。また、個人で情報を整理、理解するためだけの使用でも、デザインが違うだけで気分がだいぶ変わります。マップごとに好きなものを利用しましょう。

同じスタイル内でのカラーパターン

デザインパターンだけでなく、カラーパターンも 10 種類以上あります。こちらも好きなものを利用しましょう。

背景やノード、ブランチ、文字の色が変更でき、「色を変更❸」をクリックするごとに色の組み合わせを提案してくれます。

また「色」の右側にある「>❹」を押すと、10 種類以上のカラーパターン❺が用意されています。マウスでスクロールすると、色のパターンを複数確認できます。

2-8 共有

マインドマップはURL（共有リンク）で**Mapifyユーザー以外にも共有**できます。

画面右上の「共有❶」ボタンを押すと、「共有」または「エクスポート」を選べる画面が出ます。

「共有リンクを有効にする❷」を押すと、共有用のリンクが生成されます。リンクを共有したい人に送れば、Mapifyユーザー以外でも生成したマインドマップを確認できます。

また、共有時に「複製を許可❸」をオンにすると、別のMapifyユーザーがこのURLでマップを開いた時に、自分のマインドマップとして編集できるようになります。共有されたマップの画面右上の「マインドマップにコピー❹」ボタンをクリックするとデータを取り込めます。

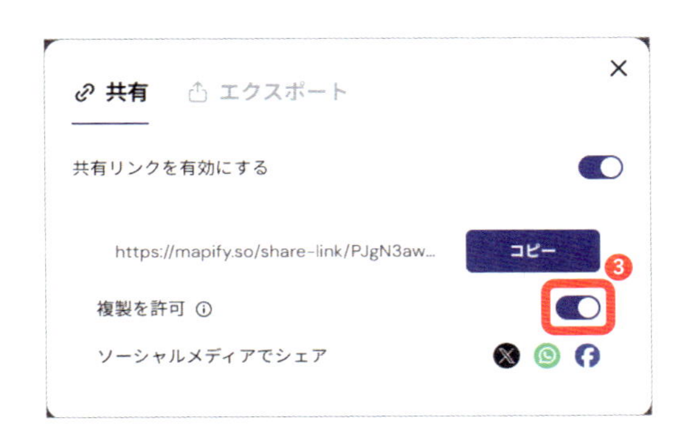

共有されたマインドマップ。Mapifyユーザ以外でも閲覧可能

2-9 エクスポート機能

マインドマップは様々な形式でエクスポートできます。画面右上の「共有❶」ボタンを押した後に、「エクスポート❷」タブを押します。

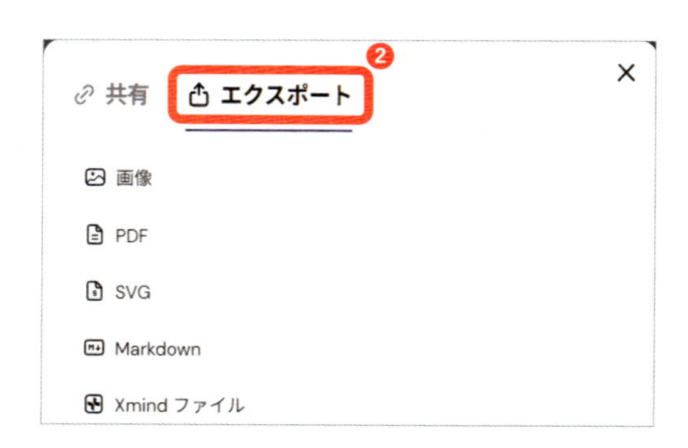

「画像」でエクスポート

画像ファイルとしてエクスポートできます。画像を選択するといくつかの選択肢があります。

「背景を削除❸」をオンにすると、透過画像として出力できます。

「Mapify マーク❹」をオンにすると「マークスタイル」が表示され、複数の色の候補から Mapify の枠を設定できます。例えば、以下の紫色の枠は左から2つ目❺の選択肢です。

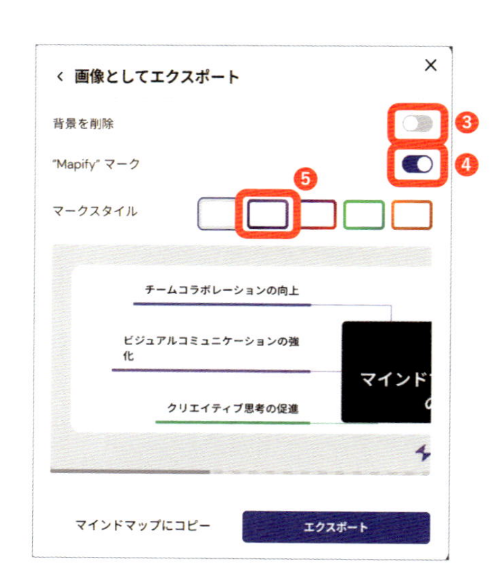

「Mapify マーク」をオンにして出力した画像。枠が設定される

「PDF」でエクスポート

PDF ファイルとして出力できます。

「SVG」でエクスポート

SVG ファイルとして出力できます。SVG は「Scalable Vector Graphics」の略で、拡大縮小しても画質が劣化しないベクター形式の画像です。ウェブや高品質な印刷物で使う際に利用されます。

「Markdown」でエクスポート

マークダウン形式のテキストファイルで出力されます。拡張子は「.md」ファイルですが、メモ帳などで開けます。マークダウン形式とは、シンプルな記号を使って文章を構造化したものです。ChatGPT や他ツールでテキストデータとして Mapify データを利用したい場合によく使います。

```
# マインドマップ×生成AIの価値
## マインドマップの基本概念
### マインドマップの特徴
### マインドマップの利点
## 生成AIとの統合
### 生成AIの役割
### 相乗効果
## クリエイティブ思考の促進
## ビジュアルコミュニケーションの強化
```

md ファイルで出力される。メモ帳などで開ける

「XMind ファイル」でエクスポート

XMind というマインドマップツールで編集可能な形式です。XMind は第 1 章でも触れたマインドマップ作成に特化したツールで、Mapify よりも豊富な編集機能があります。よりこだわったマップを作成したい場合に有用です。

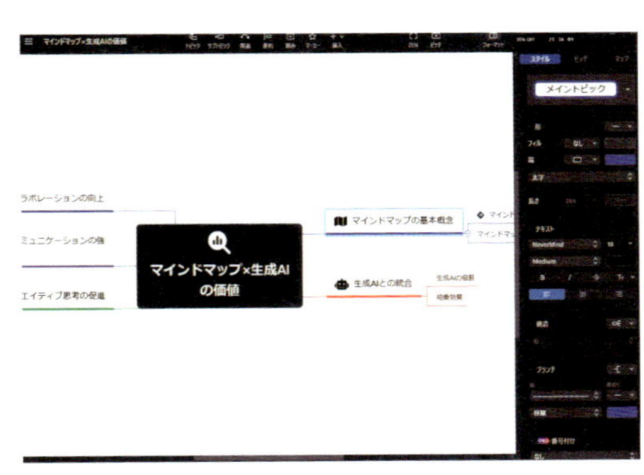

XMind で開いた画面

「印刷」

印刷をするための機能です。複雑なマインドマップでも、印刷に適した形式で利用可能です。

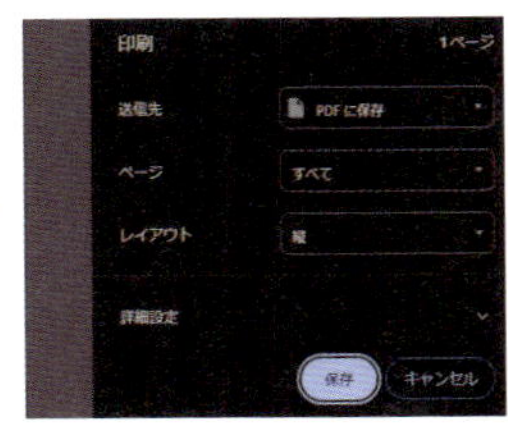

2-10 プレゼン用のスライドショー表示

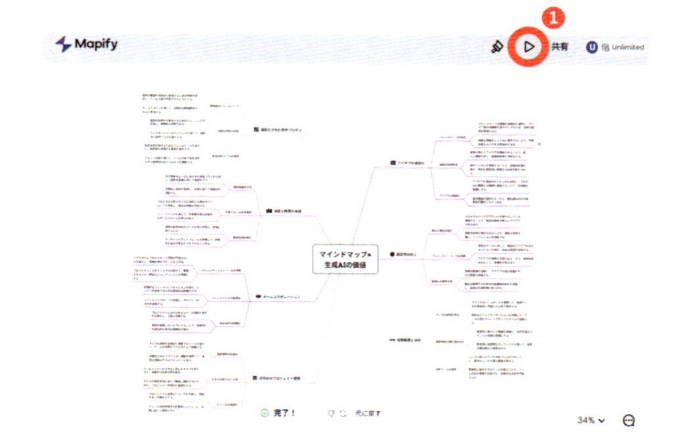

Mapifyには、マインドマップをプレゼンテーションで利用するためのスライドショー機能があります。

画面右上の「再生❶」ボタンを押すと、フルスクリーンのプレゼンモードが始まります。カーソルキーの右・左を押すか、画面下部のカーソルボタンを押すことでページを進めたり戻したりできます。

見やすいように、全体像と細かいノード領域が分割されて表示できるので、プレゼンに最適です。

「マインドマップ」形式のプレゼンモード

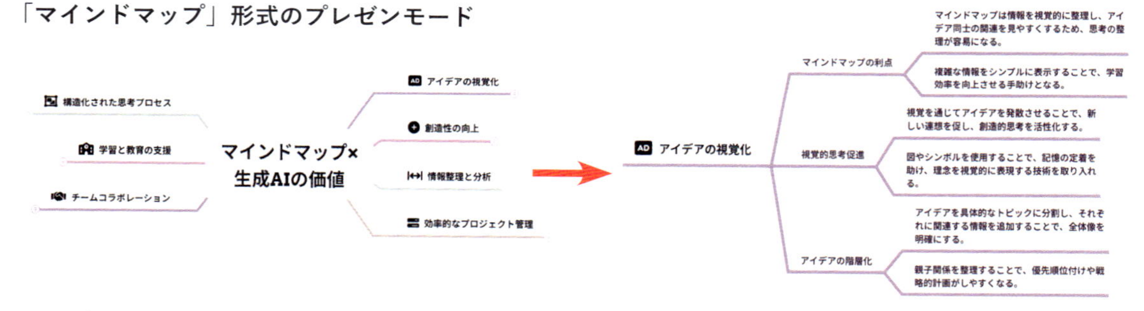

1ページ目は1-2段階目のノードのみを表示

2ページ目以降は2-3段階目のノードを順番に表示

前節で紹介した「表現形式（スタイル）」を変更すると、プレゼンのスライドショーのデザインも変更されます。例えば、以下は「特性要因図」に変えた場合のプレゼンモードですが、印象がだいぶ異なります。

「特性要因図」形式のプレゼンモード

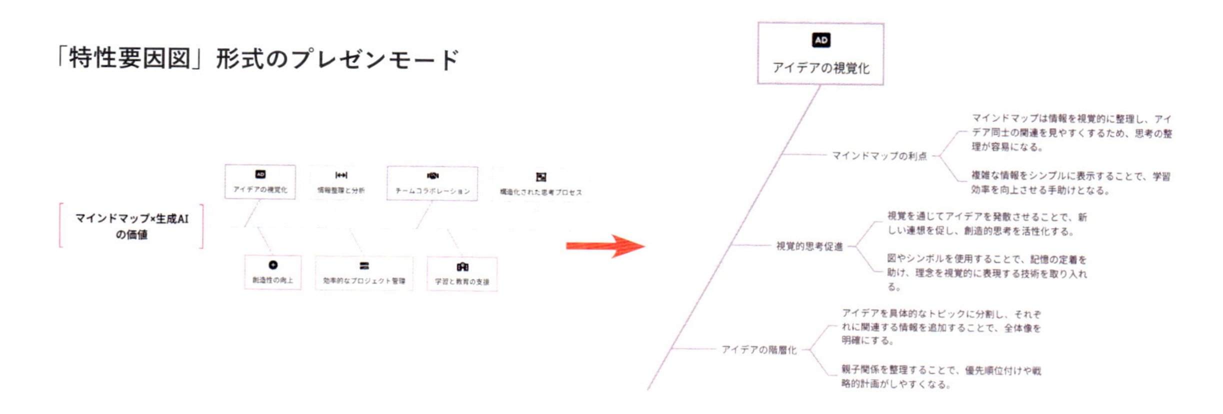

2-11 設定

　設定画面を開くには、画面右上のクレジットが表示されている場所（Unlimitedプランの場合は「Unlimited」と表示）❶をクリックし、表示されたメニューから「設定❷」を押します。

　設定では、以下のことができます。

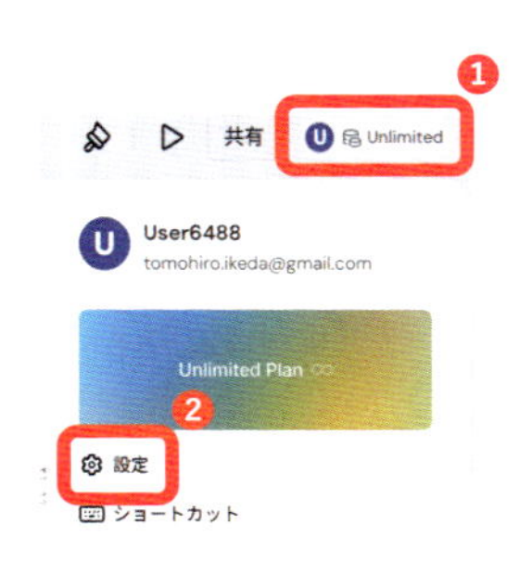

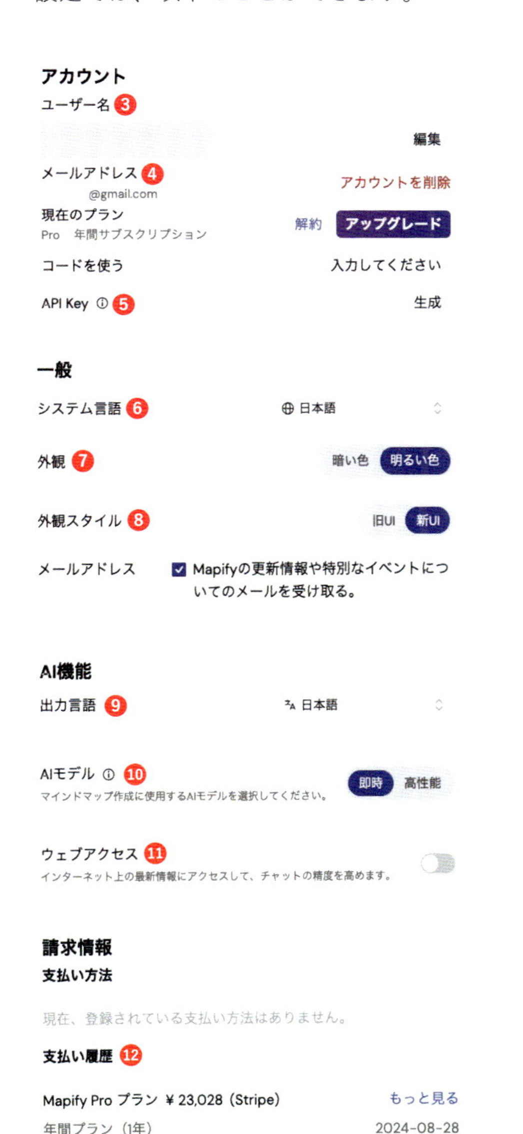

ユーザー名❸　変更可

メールアドレス❹　変更不可

API key❺　外部サービスからMapifyを利用するためのパスワードのようなもの。現在はZapierという自動化ツールのみ対応

システム言語❻　デフォルト言語を設定可。日本語、英語、フランス語、中国語、韓国語などに対応

外観❼　通常モード（明るい色）とダークモード（暗い色）を選択可

外観スタイル❽　旧UIと新UIが選べる（本書では新UI前提で説明。本書刊行時には旧UIは存在しない可能性あり）

出力言語❾　AI機能を用いた際に出力する言語を設定できる。システム言語よりも広い30言語以上に対応

AIモデル❿　「即時」と「高性能」の2種類。「高性能」はより詳細で包括的な内容を出力。有料のProプラン以上で対応

ウェブアクセス⓫　「何でも質問」や、マップ上の「AIチャット相談」でウェブ検索を使うかどうかを設定。設定ページ以外でも変更可能

支払い履歴⓬　有料版の場合、過去の支払い履歴を確認できる

2-12 スマホアプリ

Mapifyにはスマホアプリもあります。スマホ上で新規のマップを作ることもできますし、同じアカウントでログインすれば、パソコンで作成したマップを確認することもできます。

インストール

以下のQRからインストールできます。

iPhone

Android

インストール後の流れ

アプリをインストールして立ち上げたら、まず「サインイン❶」ボタンを押します。

パソコンと同様に「Googleアカウントでログイン」「Appleアカウントでログイン」「メールアドレス」があります。事前に登録したアカウントを利用しましょう。

ログインすると、右のような画面が表示されます。メニュー名はパソコンとやや異なりますが、機能は同様です。「プロンプト」は「何でも質問（ゼロから作成）」で、それ以外は各コンテンツ種類別のメニューになっています。

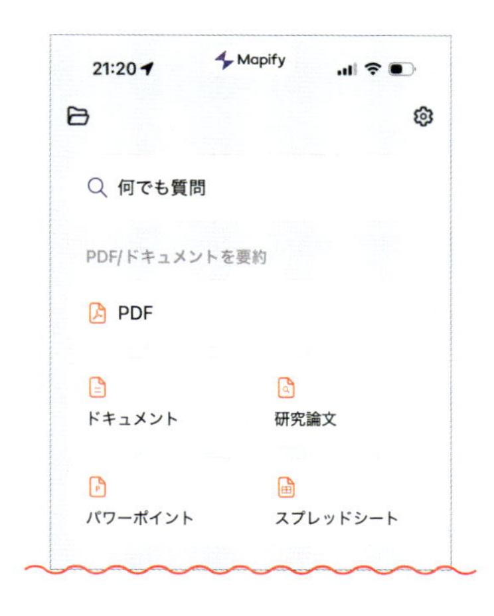

「すべてのマップ」を押すと、これまで作成したマップ一覧が出ます。特定のマップを選択すると、詳細を確認できます。

通常の横長マップはスマートフォンだと見づらいので、「はけアイコン❷」を押してスタイルを変更しましょう。「グリッド」などは縦長のため、スマホでも収まりがよく見やすいです。

もしくは、左上のリストアイコン❸を押すと、マインドマップからテキストビューに変更できます。スマホでも内容を把握しやすい上、この画面上で「アイデア生成」や「編集」を行うことも可能です。

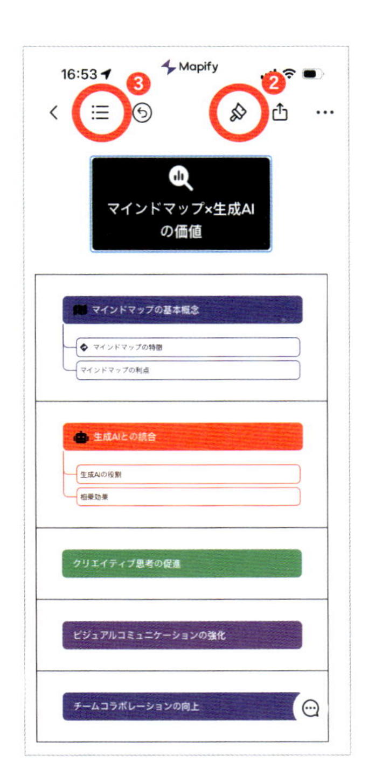

2 基本機能と操作

2-13 有料プランへの登録

Mapify は無料トライアルができるものの、最初にもらえる 10 クレジット（および Chrome 拡張機能のインストールでもらえる 30 クレジット）はすぐに尽きてしまいます。友達紹介を行うことでボーナスクレジットをもらうこともできますが、継続的に使う際には有料プランへの登録が前提となります。

 有料プランへの登録方法

Mapify の画面右上の「アップグレード❶」を押します。

プランが出てきます。「月払い（月額）」と「年払い（年間）」が選べます。年間にすると 40% オフになるので長期で使う人はこちらを選びましょう。年間の場合、3 日間の無料トライアルができます（2025 年 2 月現在。月額の場合は不可）。画面下にスクロールすると、プラン別の比較表があります。細かい要件を確認したい人はこちらを参照しましょう。

年間

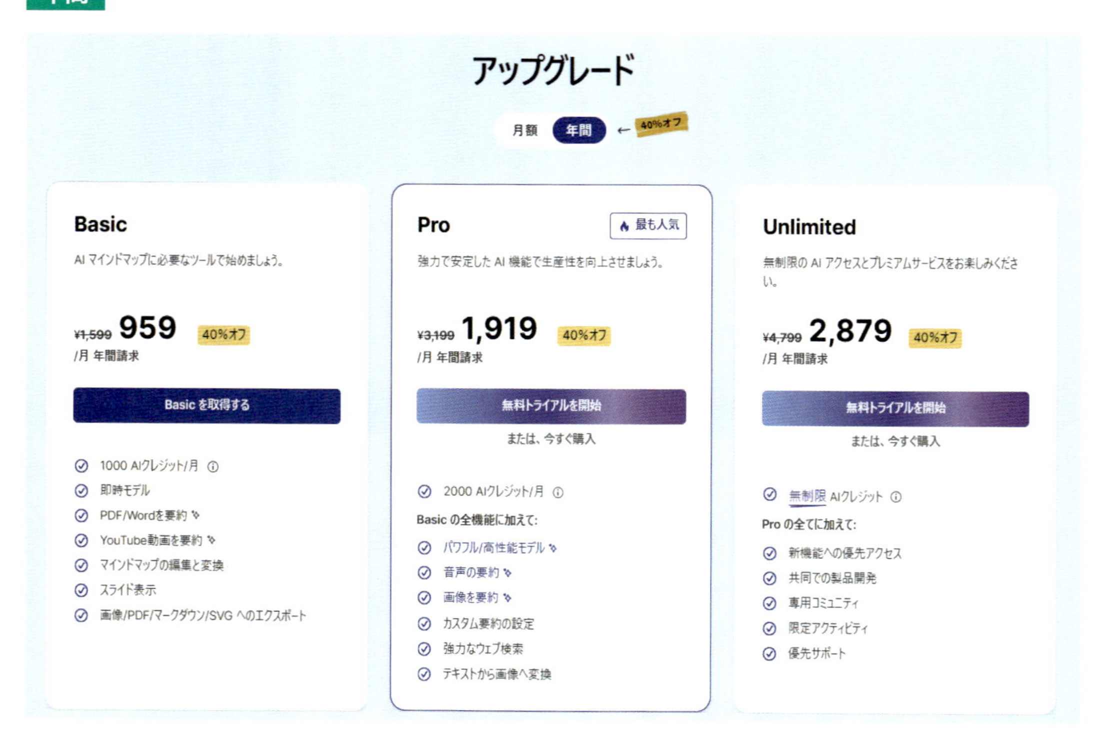

月額

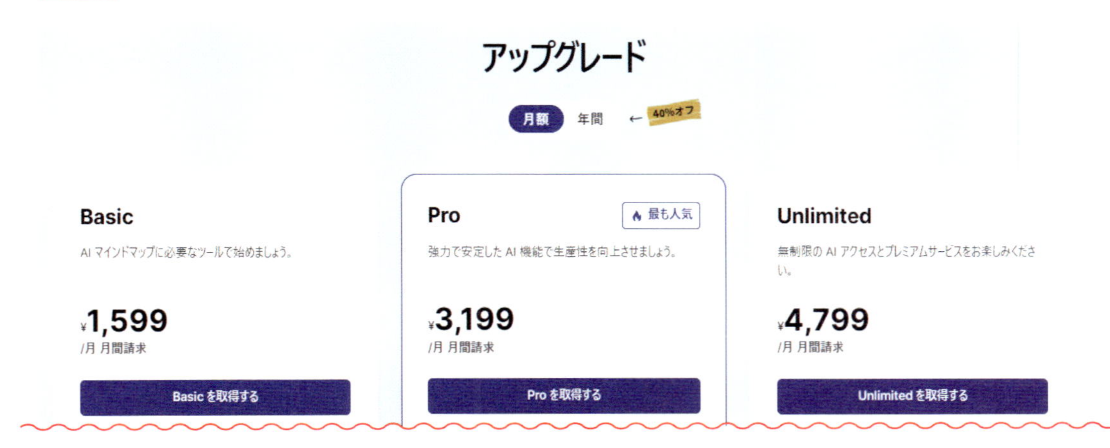

クーポンで割引が適用

「○○を取得する」ボタンを押すと、右の画面が表示されます。ここでは「Pro」版を例にしています。「クーポンを追加する❷」を押して「MAPIFYIKEDA」を入力すると、どのプランでも10%オフが適用されるので、忘れずに活用してください。

最初はBasicプランなどを利用したものの、途中からProプランやUnlimitedプランに変更したくなる場合もあると思います。年間プランなどの場合、アップグレードした時の「差額はどうなるのか？」と気になる人もいるでしょう。

結論として、差額はしっかりと返金されます。私はBasicプランでスタートしましたが、すぐにその価値に気づいてProプランの「年間」に変更し、さらに1ヶ月後にはクレジットが不足してUnlimitedプランに変更しました。

Chapter 3

情報を“圧縮”する

大量の情報を一気に整理・要約

3-1 学習系動画を構造化

学習系動画は、特定のスキルや知識を習得するために提供されるオンライン講義、ウェビナー、MOOC（大規模公開オンライン講座）などを指します。例えば、ChatGPT の使い方の動画や、エクセルマクロの活用方法、リーダーシップスキル、自己啓発のためのセミナー動画などです。

これらのコンテンツは、仕事でもプライベートでも、そのテーマを考えるために有益な情報を提供してくれますが、動画という形態だと確認に時間がかかります。1 時間のセミナーの場合、倍速で視聴しても 30 分かかるわけです。また、動画の途中で重要なポイントを見失ったり、後で振り返りづらいという問題もあります。

私も生成 AI 系の YouTube でノウハウ動画を日々出していますが、1 時間程度になることが多く、「視聴者にとっても見るのが大変だろうな……」と作り手ながら思うことがあります。

Mapify を使うと、これらの動画内容をマインドマップにすることで構造を視覚化できます。これにより**要点を効率よく理解したり、重要なポイントを後から振り返る**ことができます。

学習系動画での Mapify 活用

学習系 YouTube コンテンツからマインドマップ

ここでは最もよくあるパターンとして、YouTube のコンテンツを対象にします。左メニューから「YouTube」を選択し、URL を貼り付けると、すぐにマインドマップが生成されます。学習系コンテンツの場合、「動画の流れ」や「ストーリー」が重要になるので、表現形式としては「タイムライン」や「ツリーチャート」と相性がよいでしょう。

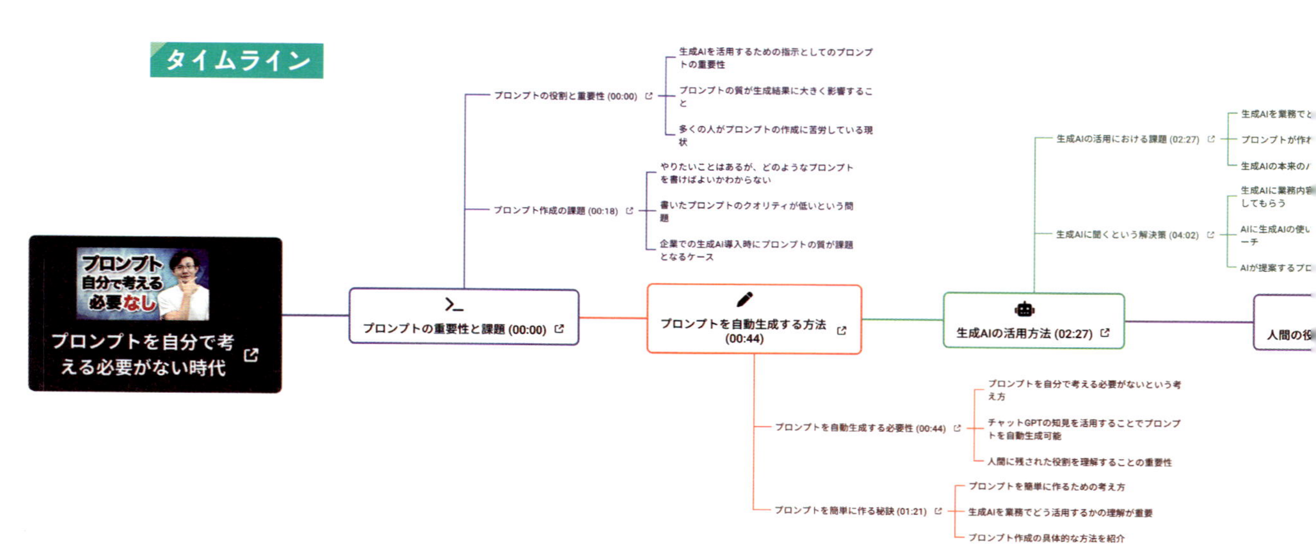

ツリーチャート

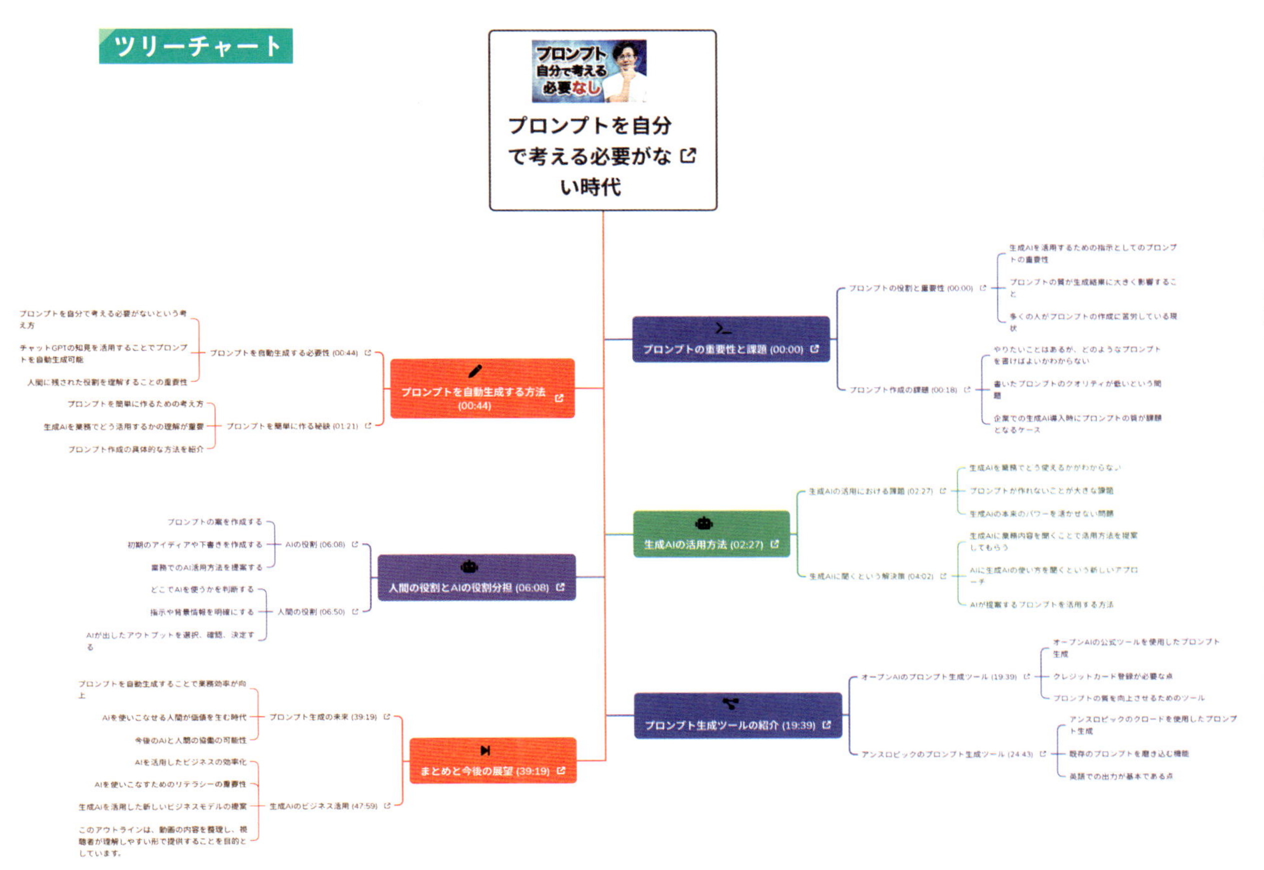

2024年のアップデートで、マインドマップの要素をクリックするだけで、YouTube動画をMapifyの画面上で再生できるようになりました。第2階層のノードまで該当箇所のスタート時間も表示されるので、部分的に確認したい場合にとても便利です。

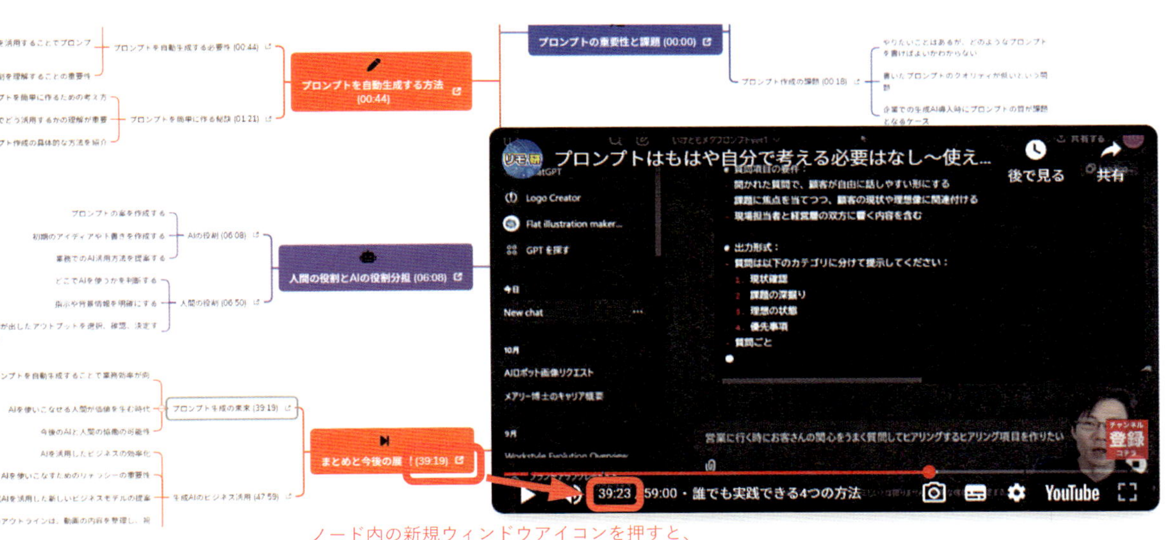

ノード内の新規ウィンドウアイコンを押すと、
表示された時間からYouTubeが再生される

また、第2章で紹介したChrome拡張をインストールしておくと、YouTubeの再生画面上でマップを作成できます。評価ボタンと共有ボタンの間に、「要約する❶」というボタンが表示されます。これを押すと、右側にポップアップ画面が現れて、マインドマップの生成が始まります。

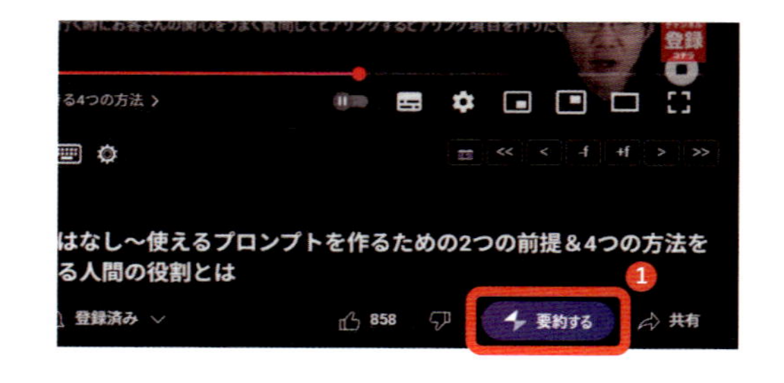

動画データからマインドマップ

YouTube以外の動画コンテンツの場合は、「ビデオファイル」からマインドマップにできます。

ただし、2時間以内・ファイルサイズは200MB以内という制限があります。例えば、Zoom会議を録画した場合、1時間で200MB前後といわれていますが、長い会議になると対応できません。また、画面共有などを行った場合にはさらにファイルサイズが大きくなってしまうので注意が必要です。

心配な場合は動画データを音声データに変換した上でマインドマップ化する方法もあります。動画データからの音声化は、以下のような方法があります。

＊ VLC Media Playerなどのソフトをインストールし、ローカル環境で変換

＊オンラインの動画→音声コンバータで変換

機密性の低い情報の場合は後者でも問題ないと思いますが、外部に出したくない動画データの場合には前者がよいでしょう。

活用のヒント

新しいツールやスキルの習得	オンライン講座を視聴し、学んだ機能や問題点をMapifyで整理。後で簡単に見直したり、応用する際の基盤を作成。
資格試験対策の整理	資格の試験対策の動画講義から要点をマインドマップにまとめ、苦手な分野を可視化して重点的に学習。
研修やセミナーの復習	職場やイベントで受けたセミナーの録画をMapifyで構造化。個人的な復習やチームでの共有資料として活用。
趣味の学び促進	写真編集や動画編集、料理のレシピ動画を視聴し、重要なステップやテクニックをマインドマップで整理して実践しやすくする。
大学のオンライン講義の内容整理	授業の要点をMapifyで整理し、試験前の復習や論文執筆のアイデア収集に活用。

ユーザーの声

ビジネス系動画の概要を最短で把握！

Chrome拡張機能でYouTube上でボタン押下。1時間の動画も5分程度で概要把握できるため、特にビジネス系YouTuberの動画でよく使っています。（匿名）

3-2 ニュースを一目で俯瞰する

ニュースといえば、YouTubeやポッドキャスト、SNSなど、日々さまざまな場所から配信されています。これらのニュース系コンテンツの特徴は、1つのコンテンツの中に複数のテーマが並んでいることです。

ただ、これらの情報をすべてキャッチアップするのは大変です。「すべてを追いかけたいわけではないけれど、気になるところはじっくり見たい」そんな思いを抱く人も多いのではないでしょうか。私は毎週、生成AIに関連するニュースをYouTubeで解説していますが、そこでも30分～1時間の中に10～20ものトピックがあり、すべてを追うのは大変だと思います（もちろん話す方も大変なんですが……）。

そこで活用したいのがMapifyです。まず「どんなニュースがあるのか」をマインドマップ化することでひと目でざっと内容をつかめます。そこから興味がある部分だけをピンポイントで詳しく確認できるため、**効率的に情報を収集し、自分にとって必要なトピックに集中できる**メリットがあります。

活用 ニュースでのMapify活用

ニュース系YouTube動画からマインドマップ

ニュース系YouTube動画をMapifyでマインドマップにしましょう。やり方は前節と同様です。

次ページの画面のように、話題の流れや重要キーワードが視覚的に整理されます。一度マインドマップで全体を俯瞰した後、「ここだけチェックしたい」という箇所から再生できるので、とても効率的に情報収集できます。関心が低い話題は後回しで、関心が高い話題に絞って視聴できるようになるでしょう。

全体像を追うには、Mapifyの6つの形式の中でも、やはり「マインドマップ」形式が便利です。ニュースのボリュームが多い場合には、複雑さの設定で「簡潔」にすると❶、情報を圧縮して表示することができます。次ページに「簡潔」と「詳細」で生成されたマップを載せていますが、かなりの差が出ます。

複雑さ：簡潔

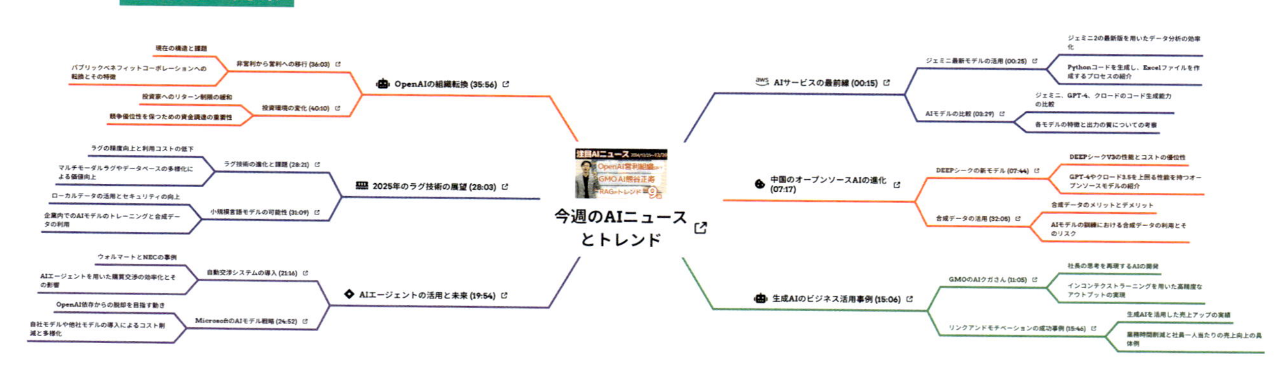

今週のAIニュースとトレンド
OpenAIの組織転換 (35:56)
非営利から営利への移行 (36:03)
現在の構造と課題
パブリックベネフィットコーポレーションへの転換とその特徴
投資環境の変化 (40:10)
投資家へのリターン制限の緩和
競争優位性を保つための資金調達の重要性
2025年のラグ技術の展望 (28:03)
ラグ技術の進化と課題 (28:21)
ラグの精度向上と利用コストの低下
マルチモーダルラグやデータベースの多様化による価値向上
小規模言語モデルの可能性 (31:09)
ローカルデータの活用とセキュリティの向上
企業内でのAIモデルのトレーニングと合成データの利用
AIエージェントの活用と未来 (19:54)
自動交渉システムの導入 (21:16)
ウォルマートとNECの事例
AIエージェントを用いた購買交渉の効率化とその影響
MicrosoftのAIモデル戦略 (24:52)
OpenAI依存からの脱却を目指す動き
自社モデルや他社モデルの導入によるコスト削減と多様化
AIサービスの最前線 (00:15)
ジェミニ最新モデルの活用 (00:25)
ジェミニ2の最新版を用いたデータ分析の効率化
Pythonコードを生成し、Excelファイルを作成するプロセスの紹介
AIモデルの比較 (03:29)
ジェミニ、GPT-4、クロードのコード生成能力の比較
各モデルの特徴と出力の質についての考察
中国のオープンソースAIの進化 (07:17)
DEEPシークの新モデル (07:44)
DEEPシークV3の性能とコストの優位性
GPT-4やクロード3.5を上回る性能を持つオープンソースモデルの紹介
合成データの活用 (32:05)
合成データのメリットとデメリット
AIモデルの訓練における合成データの利用とそのリスク
生成AIのビジネス活用事例 (15:06)
GMOのAIクガさん (11:05)
社長の思考を再現するAIの開発
インコンテクストラーニングを用いた高精度なアウトプットの実現
リンクアンドモチベーションの成功事例 (15:46)
生成AIを活用した売上アップの実績
業務時間削減と社員一人当たりの売上向上の具体例

複雑さ：詳細

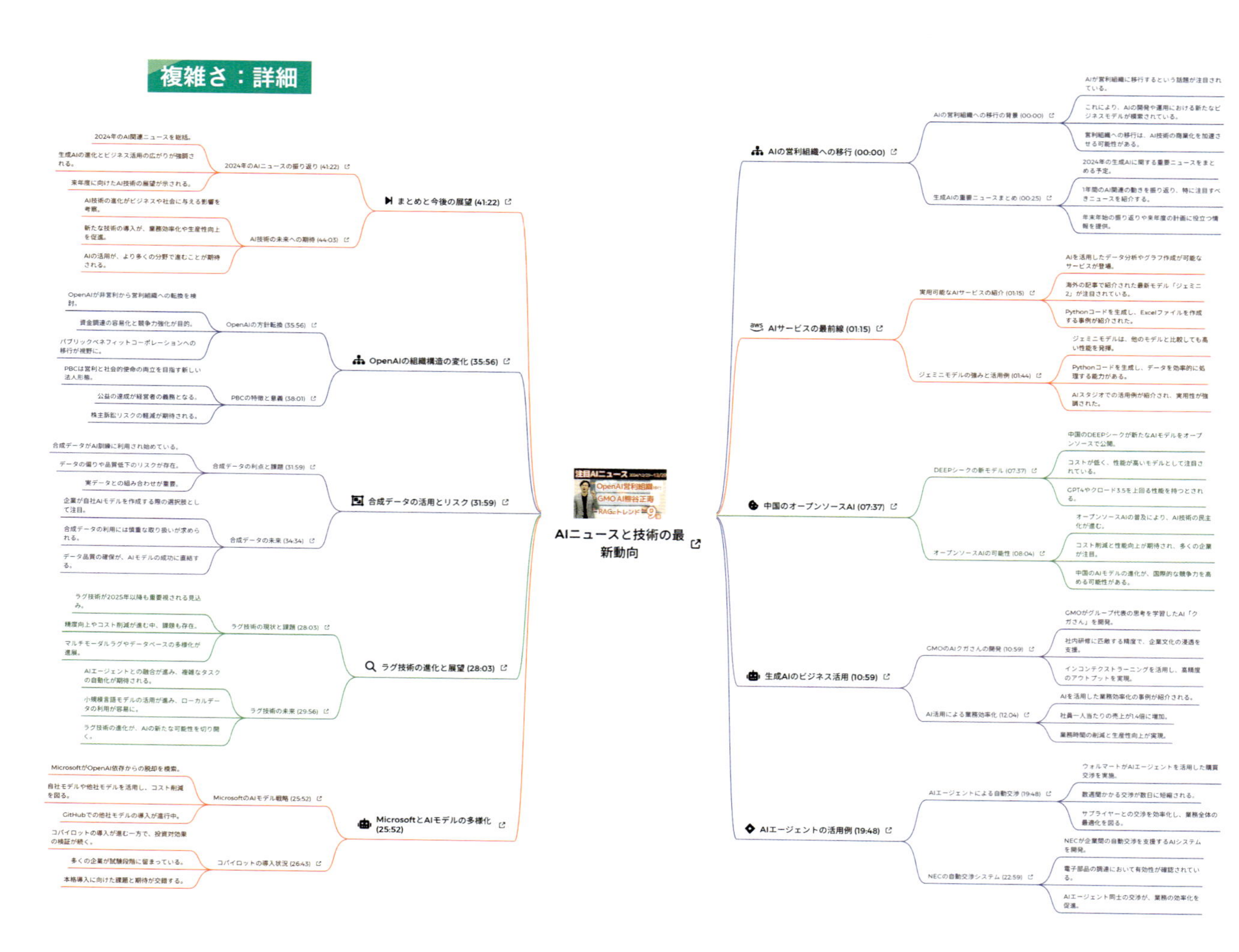

AIニュースと技術の最新動向
まとめと今後の展望 (41:22)
2024年のAIニュースの振り返り (41:22)
2024年のAI関連ニュースを総括。
生成AIの進化とビジネス活用の広がりが強調される。
来年度に向けたAI技術の展望が示される。
AI技術の未来への期待 (44:03)
AI技術の進化がビジネスや社会に与える影響を考察。
新たな技術の導入が、業務効率化や生産性向上を促進。
AIの活用が、より多くの分野で進むことが期待される。
OpenAIの組織構造の変化 (35:56)
OpenAIの方針転換 (35:56)
OpenAIが非営利から営利組織への転換を検討。
資金調達の容易化と競争力強化が目的。
パブリックベネフィットコーポレーションへの移行が視野に。
PBCの特徴と意義 (38:01)
PBCは営利と社会的使命の両立を目指す新しい法人形態。
公益の達成が経営者の義務となる。
株主訴訟リスクの軽減が期待される。
合成データの活用とリスク (31:59)
合成データの利点と課題 (31:59)
合成データがAI訓練に利用され始めている。
データの偏りや品質低下のリスクが存在。
実データとの組み合わせが重要。
合成データの未来 (34:34)
企業が自社AIモデルを作成する際の選択肢として注目。
合成データの利用には慎重な取り扱いが求められる。
データ品質の確保が、AIモデルの成功に直結する。
ラグ技術の進化と展望 (28:03)
ラグ技術の現状と課題 (28:03)
ラグ技術が2025年以降も重要視される見込み。
精度向上やコスト削減が進む中、課題も存在。
マルチモーダルラグやデータベースの多様化が進展。
ラグ技術の未来 (29:56)
AIエージェントとの融合が進み、複雑なタスクの自動化が期待される。
小規模言語モデルの活用が進み、ローカルデータの利用が容易に。
ラグ技術の進化が、AIの新たな可能性を切り開く。
MicrosoftとAIモデルの多様化 (25:52)
MicrosoftのAIモデル戦略 (25:52)
MicrosoftがOpenAI依存からの脱却を模索。
自社モデルや他社モデルを活用し、コスト削減を図る。
GitHubでの他社モデルの導入が進行中。
コパイロットの導入状況 (26:43)
コパイロットの導入が進む一方で、投資対効果の検証が続く。
多くの企業が試験段階に留まっている。
本格導入に向けた課題と期待が交錯する。
AIの営利組織への移行 (00:00)
AIの営利組織への移行の背景 (00:00)
AIが営利組織に移行するという話題が注目されている。
これにより、AIの開発や運用における新たなビジネスモデルが模索されている。
営利組織への移行は、AI技術の商業化を加速させる可能性がある。
生成AIの重要ニュースまとめ (00:25)
2024年の生成AIに関する重要ニュースをまとめる予定。
1年間のAI関連の動きを振り返り、特に注目すべきニュースを紹介する。
年末年始の振り返りや来年度の計画に役立つ情報を提供。
AIサービスの最前線 (01:15)
実用可能なAIサービスの紹介 (01:15)
AIを活用したデータ分析やグラフ作成が可能なサービスが登場。
海外の記事で紹介された最新モデル「ジェミニ2」が注目されている。
Pythonコードを生成し、Excelファイルを作成する事例が紹介された。
ジェミニモデルの強みと活用例 (01:44)
ジェミニモデルは、他のモデルと比較しても高い性能を発揮。
Pythonコードを生成し、データを効率的に処理する能力がある。
AIスタジオでの活用例が紹介され、実用性が強調された。
中国のオープンソースAI (07:37)
DEEPシークの新モデル (07:37)
中国のDEEPシークが新たなAIモデルをオープンソースで公開。
コストが低く、性能が高いモデルとして注目されている。
GPT4やクロード3.5を上回る性能を持つとされる。
オープンソースAIの可能性 (08:04)
オープンソースAIの普及により、AI技術の民主化が進む。
コスト削減と性能向上が期待され、多くの企業が注目。
中国のAIモデルの進化が、国際的な競争力を高める可能性がある。
生成AIのビジネス活用 (10:59)
GMOのAIクガさんの開発 (10:59)
GMOがグループ代表の思考を学習したAI「クガさん」を開発。
社内研修に匹敵する精度で、企業文化の浸透を支援。
インコンテクストラーニングを活用し、高精度のアウトプットを実現。
AI活用による業務効率化 (12:04)
AIを活用した業務効率化の事例が紹介される。
社員一人当たりの売上が1.4倍に増加。
業務時間の削減と生産性向上が実現。
AIエージェントの活用例 (19:48)
AIエージェントによる自動交渉 (19:48)
ウォルマートがAIエージェントを活用した購買交渉を実施。
数週間かかる交渉が数日に短縮される。
サプライヤーとの交渉を効率化し、業務全体の最適化を図る。
NECの自動交渉システム (22:59)
NECが企業間の自動交渉を支援するAIシステムを開発。
電子部品の調達において有効性が確認されている。
AIエージェント同士の交渉が、業務の効率化を促進。

ポッドキャストからマインドマップ

メニューから「ポッドキャスト」を選択して、該当のリンクを貼ると、以下のようにマップを生成します。ポッドキャストのURLを直接追加もできます。現状はAppleのPodcastsに対応しています。

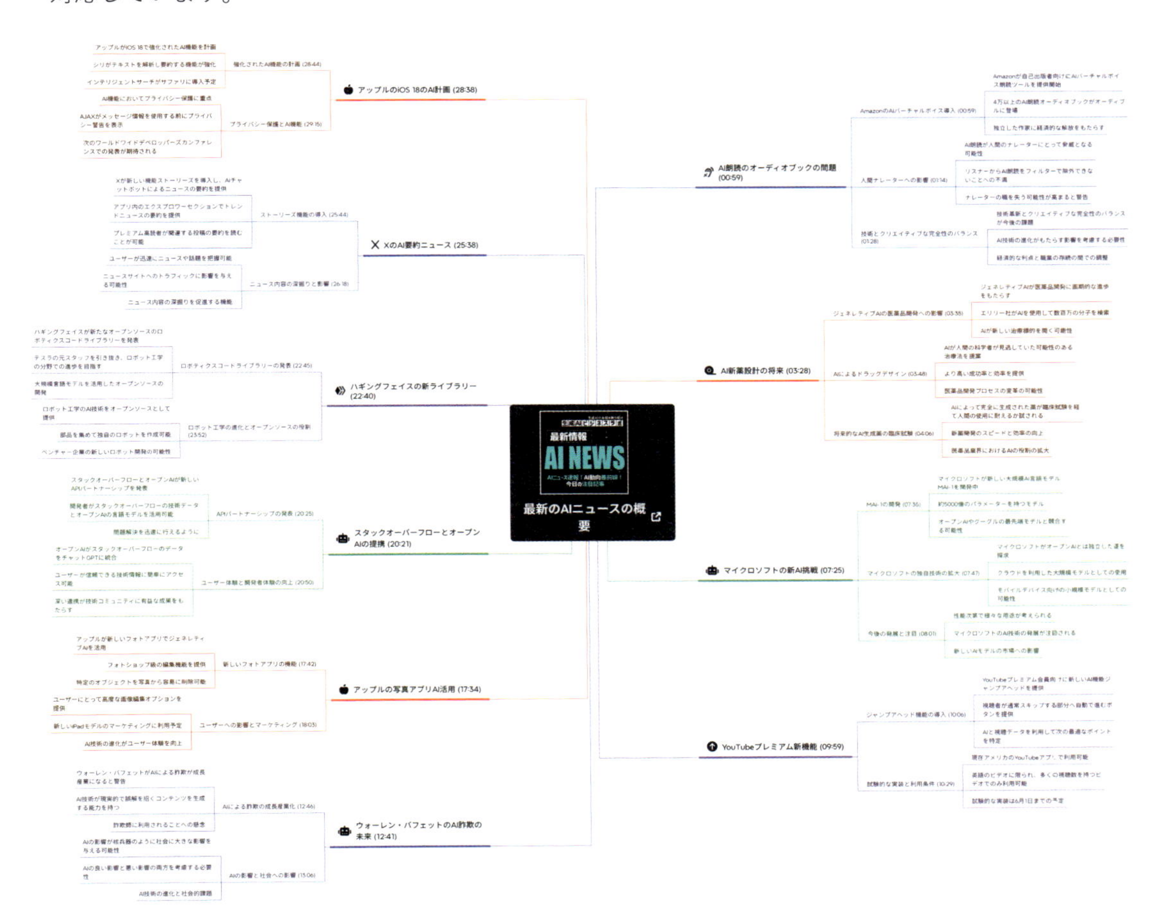

活用のヒント

ニュースをザッと把握	必要なニュースだけを選び、限られた時間で効率的に情報収集。
海外ニュースの要点確認	マインドマップで主なトピックを把握し、翻訳や調査が必要なテーマを後で深掘り。
ニュースの複数比較	マインドマップ化した内容を並べ、異なる視点や論調を見比べてバランスよく情報収集。
地域ニュースの観光利用	ご当地情報やイベント情報を整理して、帰省や旅行プランのヒントを得る。
エンタメ・ゴシップの絞り込み	番組やSNSで話題になっている芸能ネタを整理し、本当に気になるポイントだけをチェック。

3-3 長文ウェブページの要約

長めのウェブページだと「どこがポイントなのかわからない」「あとで重要な部分を見返すのに手間がかかる」といった経験はないでしょうか。例えば、レポート記事や製品レビュー、解説系サイトなど、スクロールするだけで時間が過ぎてしまい、気づいたら必要な情報がどこに書かれていたのか見失うことがありますよね。

こうした長文コンテンツを効率よく理解し、重要な部分だけを一望できるようにするのがMapify です。Mapify を使うと、長めのウェブページを読み込んで要約し、全体像を可視化できます。文章の流れを視覚的に把握できるため、**どのトピックが重要なのかがひと目でわかりますし、後から見返す際も必要な部分にすぐアクセス**できます。

長文ページでの Mapify 活用

1 つのページをまとめる

コンテンツメニューから「ウェブページ」を選び、URL を Mapify に貼り付けましょう。

全体像をひと目で可視化するなら、やはりマインドマップ形式が便利です。一方、内容によっては流れが重要な場合もあります。そんな時は「タイムライン」形式でまとめてみるのもよいでしょう。タイムライン形式にすることで、ストーリーや流れを維持して要約できます。

マインドマップ

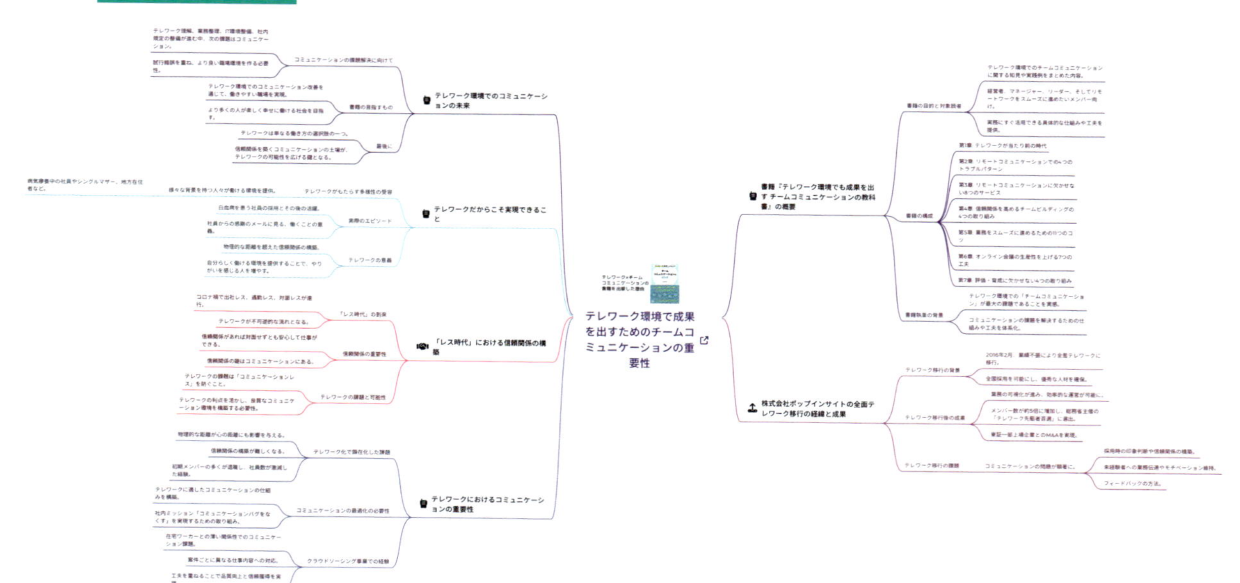

タイムライン

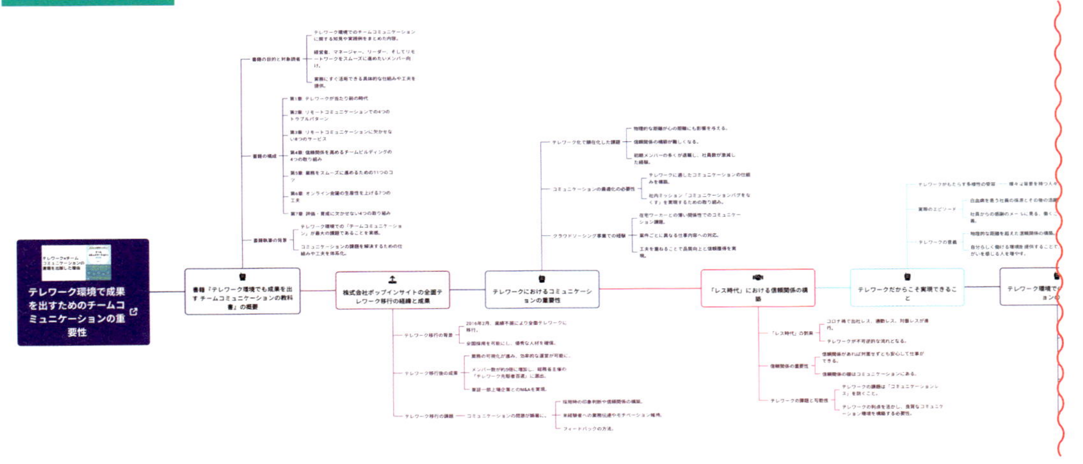

複数のページをまとめる

場合によっては、複数のページを横断的にまとめたいケースもあるかと思います。そんなときは、複数ページの情報をメモ帳などにまとめた上で、コンテンツの「長いテキスト」に貼り付けましょう。Mapifyでは、かなりの文字量を入力できます。Xmind社の担当者に聞いたところ「2000万字」まで入力可能とのことです。さすがにそこまでの文章量をまとめて入れることはないと思いますが、数万字程度は余裕です。

以下は、私のnoteから「全くリーダータイプでなかった僕が、どうやって4社のM&Aを実現し、起業家っぽくなっていったか？」の8記事を、メモ帳で1つにまとめて整理した例です。

なお、同じ内容でも、要求プロンプト❶を変えることで違うアウトプットにできます。次ページの例は、8記事を「時系列にそってまとめて」と依頼をつけて作成したものです。すると「学生時代から社会人まで❷」「初めての企業❸」といったように、時系列でまとまります。タイムライン形式で表示すると、ストーリーのように確認できます。

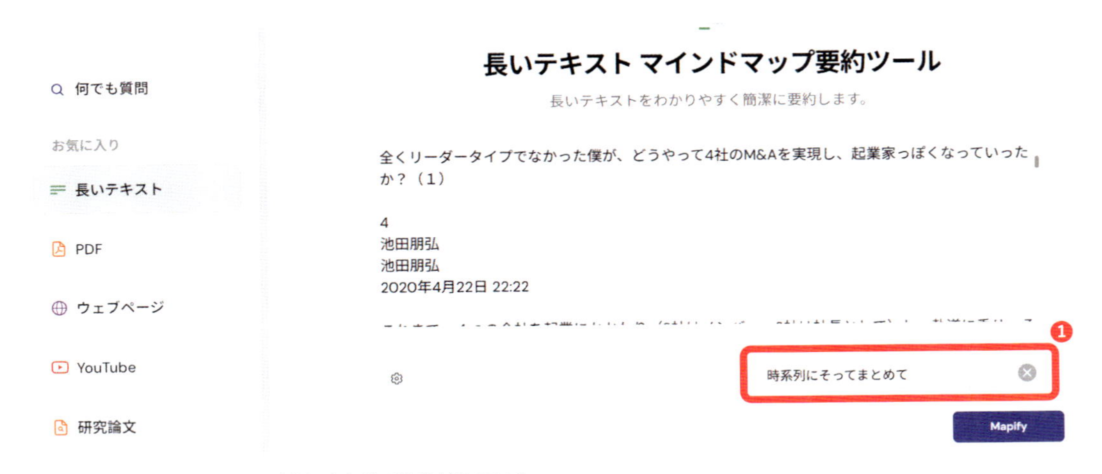

8記事を1つのテキストファイルにまとめて貼り付けている

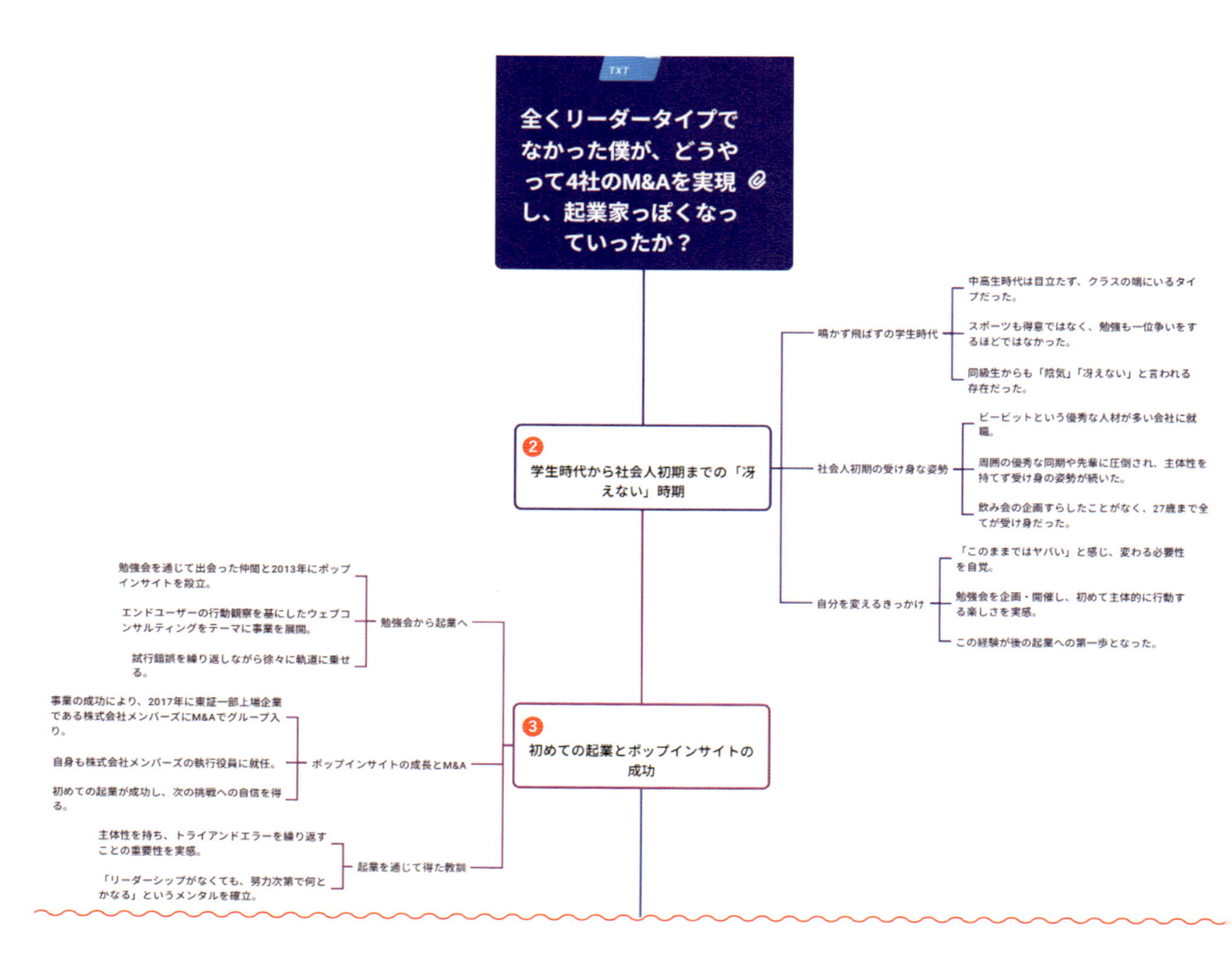

一方、右ページのマップはまったく同じ文章データですが、「学びのポイントでまとめて」と依頼しています。すると、大きな見出しが「鳴かず飛ばずの学生時代からの変化❹」「起業とM&Aの成功体験❺」と、同じ内容でも違う切り口でまとめてくれます。

長文の場合、「どのような視点でまとめたいか」を指示することで、同じデータでも異なる形で整理できます。

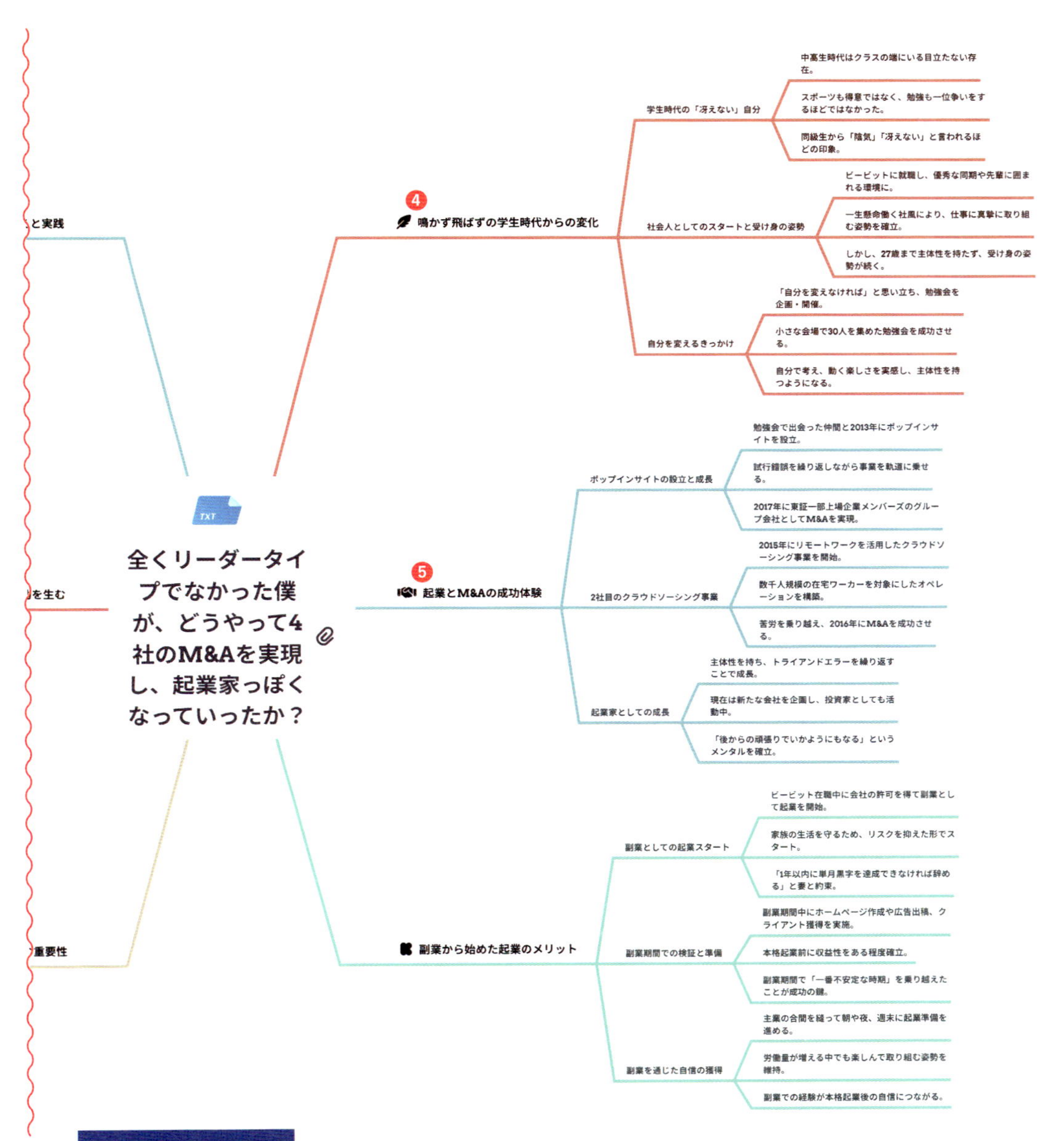

活用のヒント

レポート記事のトピック整理	業界の最新動向をまとめたレポート記事を、必要なトピックだけ効率的に拾う。
長文解説の保存	各種ビジネスブログやニュースメディアの長文解説を、後から参照しやすい形で保存。
文字起こしのまとめ	オンライン講演やウェビナーの文字起こし記事を読む。
紹介ページのチェック	新サービスや新製品の紹介ページを俯瞰してチェック。
記事の要点理解	長文のブログ記事の要点を把握。

3-4 長文英語を日本語でダイジェスト

国際化が進む中、ビジネスや学術の現場では長文の英語で書かれたドキュメントに触れる機会が増えています。報告書や論文、契約書、電子メールなど、英語のテキストを１つ１つ読み解き、自分の言葉でまとめる作業は時間も労力もかかります。

筆者の場合、AI 系の最新情報を日々収集する中で、元データが英語の長文ニュースや論文のことも多くありますが、そこまで英語が得意ではないため、キャッチアップが非常に大変でした。

そんなときに有効なのも Mapify。**複雑な英語のドキュメントを簡単に日本語でダイジェスト化**し、効率的に翻訳された情報を活用することができます。また、英語だけでなく、中国語やフランス語、ドイツ語など 30 言語に対応しているため、利用シーンはさらに広がります。

長文英語ドキュメントでの Mapify 活用

ウェブページをまとめる

メニュー選択から「ウェブページ」を選び、URL を Mapify に貼り付けましょう。ウェブページの要約は、その言語が何であっても URL を入れるだけで非常に手軽です。

また、Mapify の Chrome 拡張機能を使うと、わざわざ Mapify を開かなくても、同じページ上にマップを作成できて便利です。最初に作成されるマップは小さく表示されるのですが、ウィンドウの枠を拡大して大きなサイズで確認することもできます。

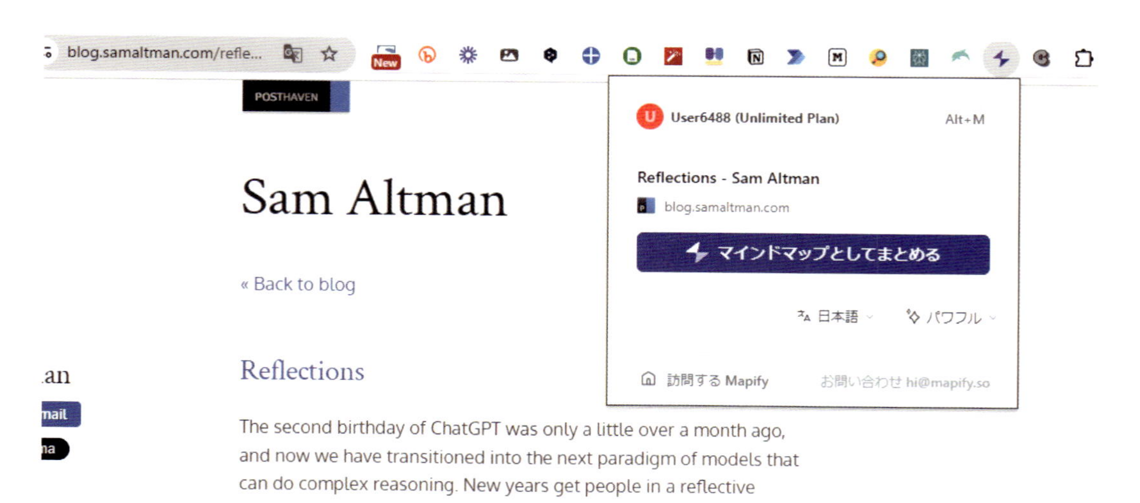

必要最低限の手順で右ページのようにまとめてくれる

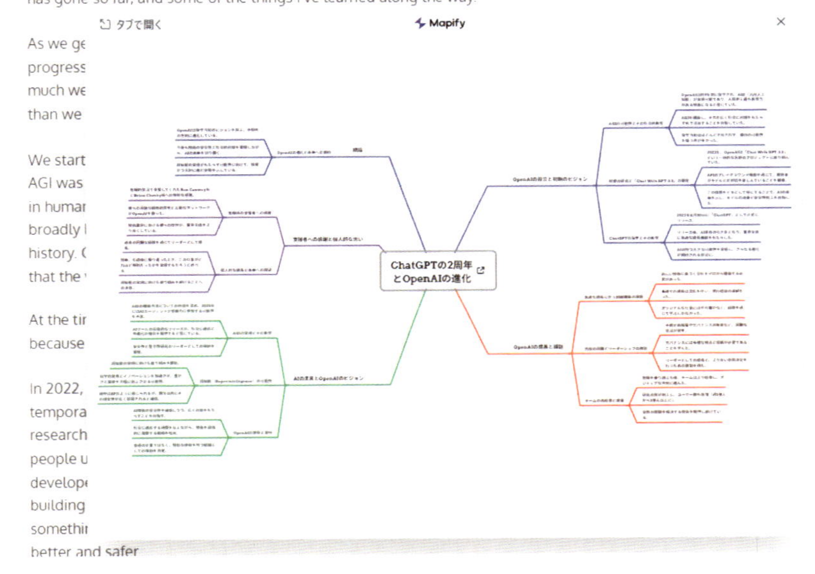

また、左上の「タブで開く」を押すと、Mapify のサイトがブラウザの新しいタグで開きます。開いた画面でマップのデザインを変更することもできます。以前は、Chrome 拡張機能で作成したマップは保存されない（作成したページを閉じると消える）仕様でしたが、最近のアップデートですべて保存されるようになりました。

論文などの PDF 資料をまとめる

論文などの PDF 資料は、メニューから「PDF」を選んでファイルをアップロードしましょう。

なお、アップロードメニューには「研究論文」という選択肢もあります。次ページのマップは同じ英語論文を「PDF」と「研究論文」それぞれでマップ化したものですが、「研究論文」の方がより詳細になっているように思います。個人的にはそこまで大きな差は感じないので、あまり気にしてはいませんが、こだわる人は使い分けてみてもよいでしょう。

PDF　　研究論文

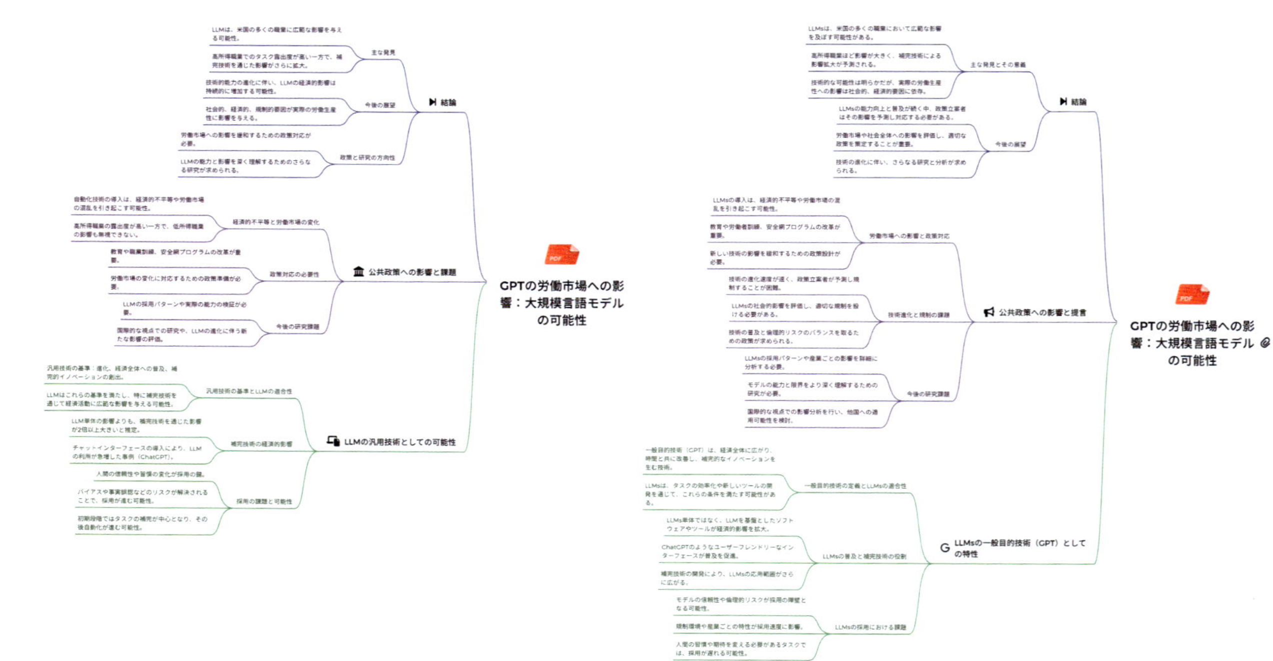

活用のヒント

長文ブログ記事の要点把握	専門的な長文ブログ記事を Mapify で整理し、主要なポイントを効率的に理解して活用。
研究論文のまとめ	英語の研究論文を Mapify で日本語要約に変換。重要なデータや結論を簡単に整理。
国際会議議事録の共有	国際会議の議事録を Mapify で要約し、参加者にわかりやすい形で日本語版を共有。
ガイドラインの迅速な理解	長文の技術ガイドラインを Mapify で分解・要約し、迅速に重要事項を確認して活用。
プレスリリースの要点把握	海外企業の長文プレスリリースを Mapify で整理し、社内共有資料を作成。

ユーザーの声

海外の法律文書の概要も一瞬でつかめる！

Legal Opinion など長文英語の概要把握で活用している。企業名などをマスキングした上でワード文書をアップロードして利用している。法律文書特有の堅苦しい内容を以前は半日ぐらいかけて翻訳しながら読み込んでいたのが、一瞬で概要を把握できるようになった。(Masatomo Ogi)

3-5 インタビューの要点を抽出

インタビューは、製品やサービスの改善、成功事例の収集、専門知識の共有など、多岐にわたる目的で実施されます。顧客に限らず、社内外の関係者や業界の専門家へのヒアリングを通じて、重要な情報や洞察を引き出す機会は日常的に存在します。これらのインタビューは、新たな戦略立案や課題解決のきっかけとなる貴重な情報源です。

しかし、その内容を最大限に活用するには、多くの情報から要点を抽出し、視覚的に整理する作業が必要です。録音データや手書きメモを何度も確認する従来の方法では、情報を見逃したり、チーム内で共有する際に混乱を招くことがあります。

Mapifyを活用すると、顧客インタビューの内容を簡単にマップ化し、視覚的に整理できます。テキストデータや録音データからインタビュー内容を要約・構造化し、質問ごとやテーマごとにインサイトを分けることが可能です。この視覚化によって、重要なポイントを一目で確認できるだけでなく、**インタビュー全体の流れやトピック間の関連性も把握**しやすくなります。

活用 インタビューでのMapify活用

テキスト・文字起こしから作成

選択メニューから「長いテキスト」を選び、テキストデータを入れましょう。

アウトプットを資料として使う前提で整理する場合、個人的に好きなフォーマットは「グリッド」です。横幅が揃っており、上から順に読みやすく、様々なシーンで使える形式です。

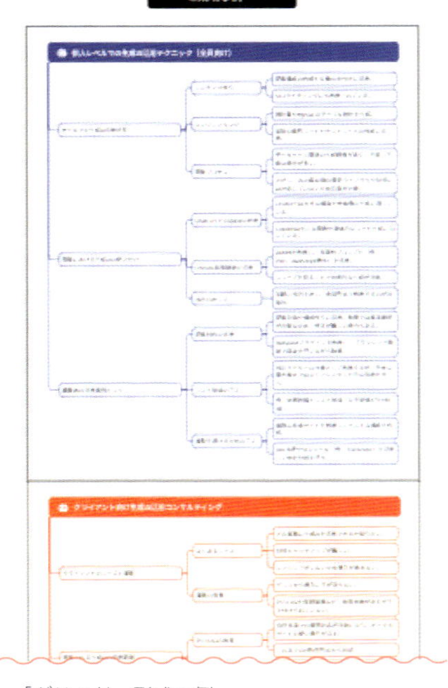

「グリッド」形式の例

また、重要なポイントに対して「おすすめのアイコン❶」を追加しておくと、後から確認する時に目に留まりやすくなります。

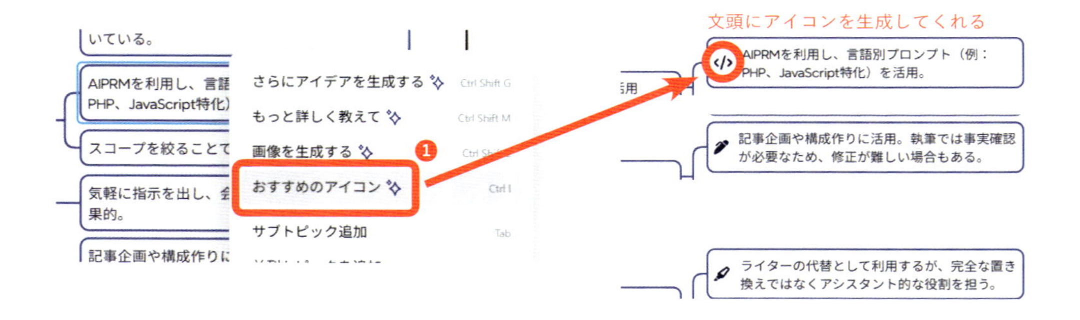

音声・動画データから作成

Mapifyは音声データや動画データをそのままマップ化することもできます。まずはメニュー「オーディオファイル」を選択します。ファイルサイズは250MBまで、2時間以内です。

時間はかかりますが、バックグラウンドで処理してくれるため、途中で画面を切り替え、別の作業をすることも可能です。右のようなデータ変換中の画面で「新しいマップを作成❷」を押したり、別画面に移ることもできます。

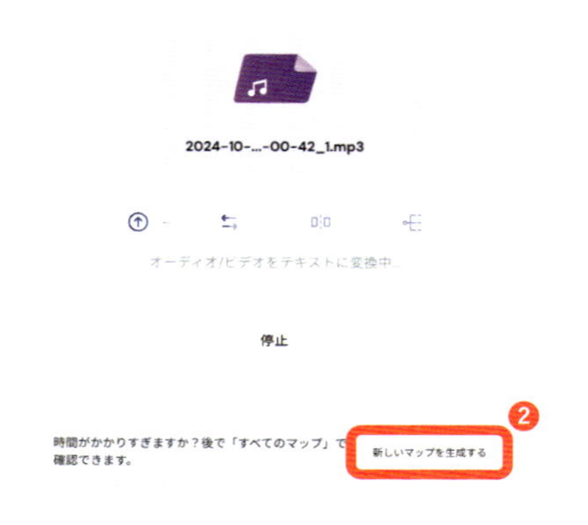

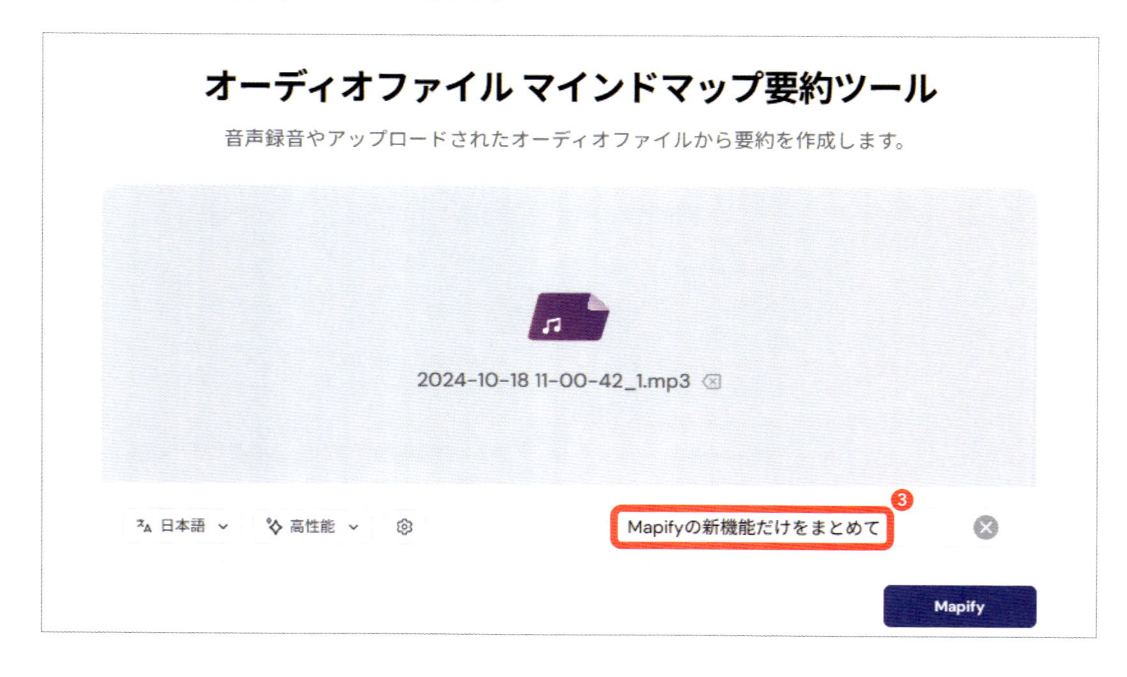

右のマップは要求プロンプトで「Mapifyの新機能だけをまとめて❷」と制限した内容です。テーマが限定されていることがわかります。

グリッド

要求プロンプト未設定の場合

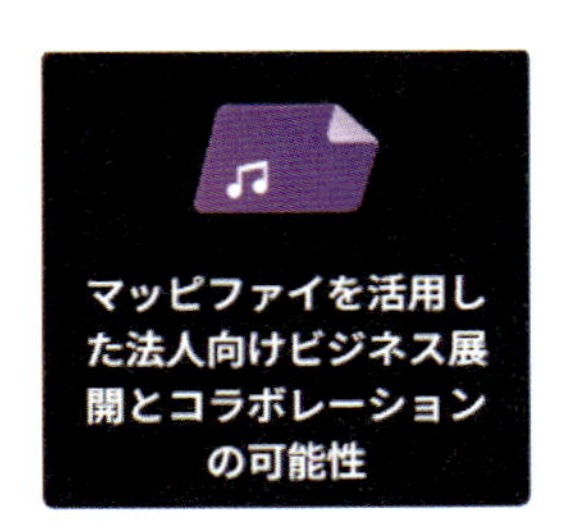

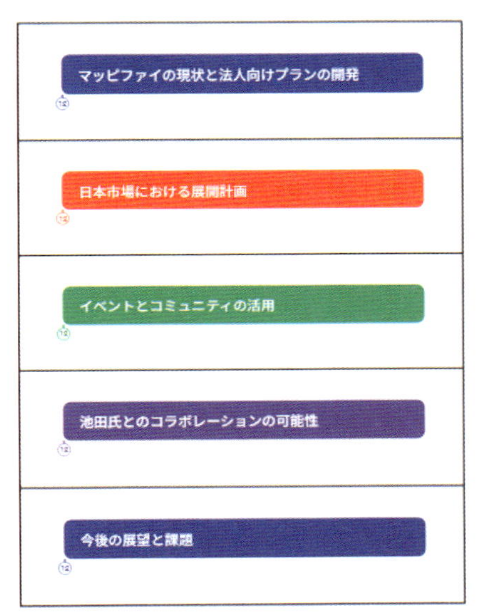

要求プロンプトに「Mapifyの新機能だけをまとめて」と記載

新機能に特化した内容がを抽出された

活用のヒント

製品改善のアイデア整理	顧客インタビューから得た改善要望をMapifyで視覚化し、優先順位を決定。
成功事例の共有	事例インタビューをMapifyでまとめ、社内外でわかりやすく共有。
ナレッジインタビューの活用	専門家へのインタビュー内容をMapifyで構造化し、チームの知識基盤を強化。
プロジェクト振り返りの効率化	メンバーへのヒアリングをMapifyで整理し、プロジェクトの成功要因を特定。
採用面接の見解共有	候補者とのインタビュー内容をMapifyで整理し、採用チーム全員に共通理解を持たせる。

3-6 大量のアンケート回答を集約

イベントのアンケートや顧客からの自由回答形式のフィードバックは、非常に価値のある情報源です。しかし、それが何百、何千件と膨大になると、すべてを確認し、分析するのは骨の折れる作業です。1つ1つの回答を読んで分類するだけでも、膨大な時間と労力を要します。その結果、重要なポイントを見落としてしまったり、全体像を把握しきれないという課題が生じます。

私は頻繁に講演やイベントを行っており、事前・事後でアンケートを取っているのですが、毎回ありがたいことに多数の回答をいただきます。もちろん1件1件に目を通していますが、限られた時間では、まず「全体感」や「関心の高いトピック」を把握したいものです。

この際、Mapifyを活用することで、自由回答を効率的に整理し、全体像を俯瞰することができます。生成AIを活用し、入力された大量のテキストデータを自動的に集計・グルーピングしてマップに変換します。**膨大な自由回答の中から主要なテーマやトレンドを短時間で抽出**できて非常に便利です。

活用 自由回答アンケートでのMapify活用

エクセルやテキストでアンケート一覧データがあったら、メニューの「長いテキスト」にすべて貼り付けます。やることはこれだけです。

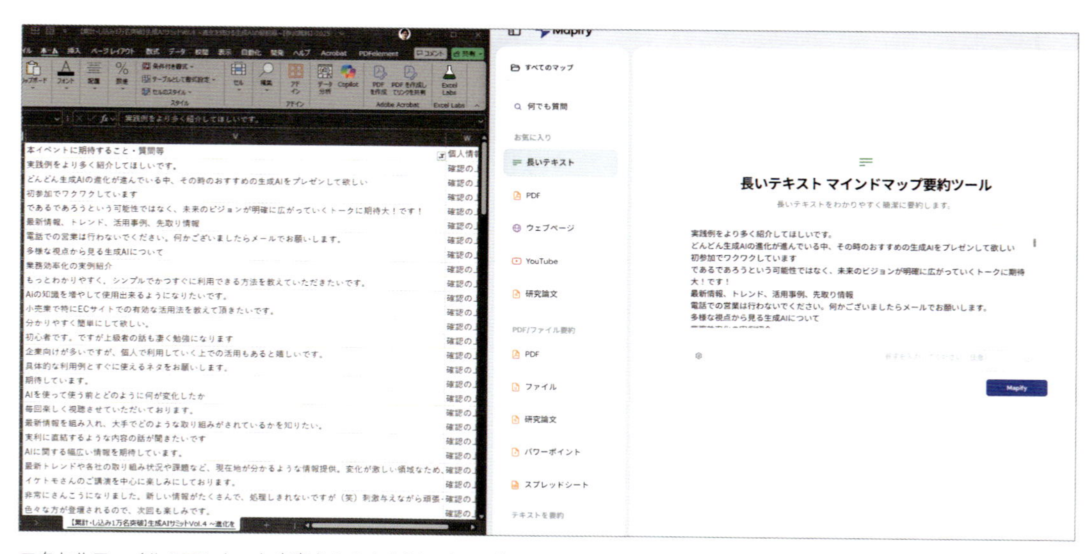

エクセルファイルのアンケート内容をそのままMapifyの「長いテキスト」に貼り付けている

このケースは、私が主催する「生成 AI サミット」の応募段階での期待・要望の自由回答で、130 件ほどありましたが、10 秒ほどで全体像を可視化することができました。これだけで、参加者のおおよその要望・ニーズは把握できてしまうわけです。

ちなみにこのイベントでは、以下のようにマインドマップで必要箇所だけをキャプチャーし、プレゼンスライドに配置した上で、「今回のイベントに対する皆さんのご期待はこのような内容でした」という説明に利用しました。

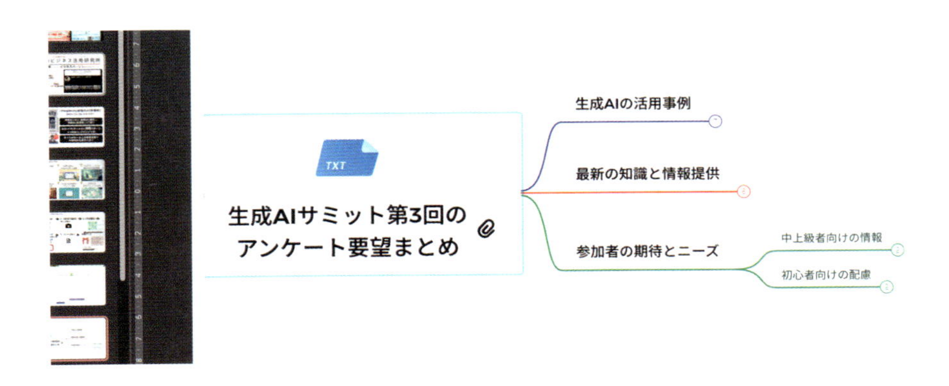

マインドマップの枝（ブランチ）の根本の「ー❶」をクリックすると、子どもの枝を非表示にすることもできます。その場合、隠れているノードの数が丸数字で表示されます❷。

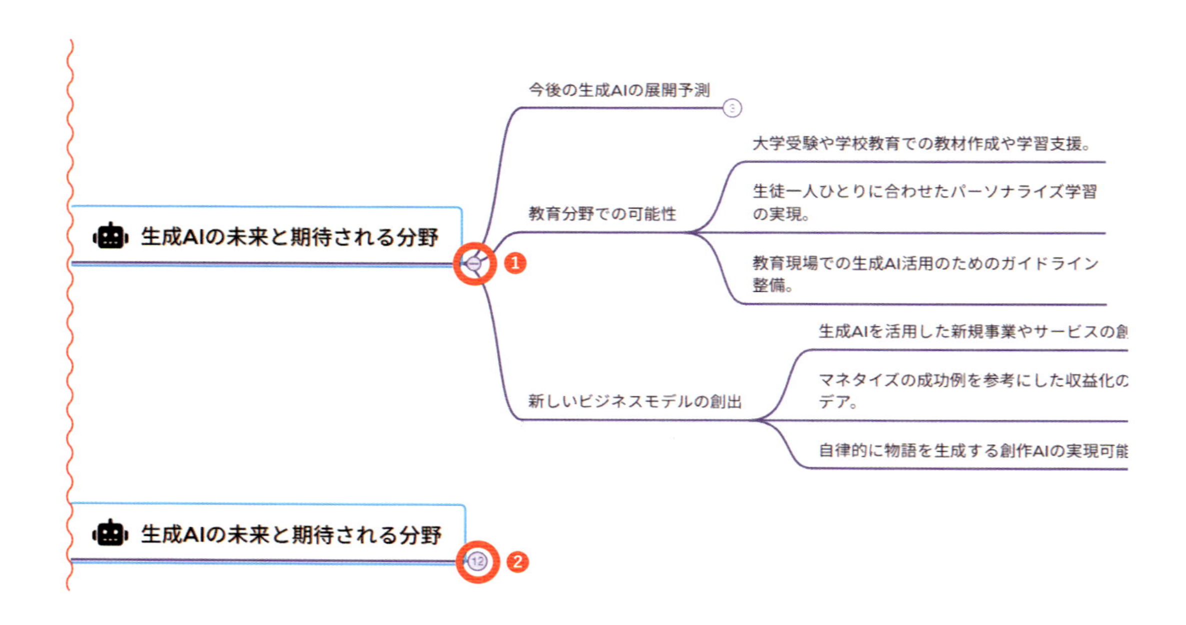

また「5-1 アンケート結果の分析」（106 ページ）では、同じ方法で分析した上で、顧客向けの資料として活用する例も紹介します。

活用のヒント

イベントの成功要因分析	アンケートからポジティブなフィードバックを分類し、成功要因を明確化。
顧客満足度の向上施策	自由回答をもとに、サービス改善の方向性を特定。
社内アンケートの分析	従業員の意見を Mapify で整理し、働きやすい職場づくりに活用。
市場調査のまとめ	自由回答形式の調査結果を統合し、新製品企画の材料とする。
顧客サポートの改善	問い合わせ内容を分析し、サポートの効率化に寄与。

3-7 X投稿から相手を理解する

アポイントの前に相手のことを少しでも知っておきたいと考える人は多いのではないでしょうか。特に、ビジネスシーンであれば、相手が何に興味を持っているのか、最近どんな発信をしているのかを事前に押さえておくと話がスムーズに進みやすくなります。例えば、X(旧 Twitter)の投稿から、趣味やビジネス上の関心、タイムリーなニュースへの反応を知っておくと、初対面でもより踏み込んだやり取りが可能になります。

しかし、直前の限られた時間の中では、Xで得られる情報は断片的になりがちです。しっかり読み込もうと思っても時間がありません。

そこでおすすめなのが、MapifyでのXの分析です。相手のXのURLを貼り付けると、**相手の特長・発信トピック・性格などを分析**してくれます。

活用 X分析でのMapify活用

左メニューから「ソーシャルメディア」を選び、相手のXのURLを入力します。今回は例として、私のXのURL（https://x.com/pop_ikeda）を入れてみます。

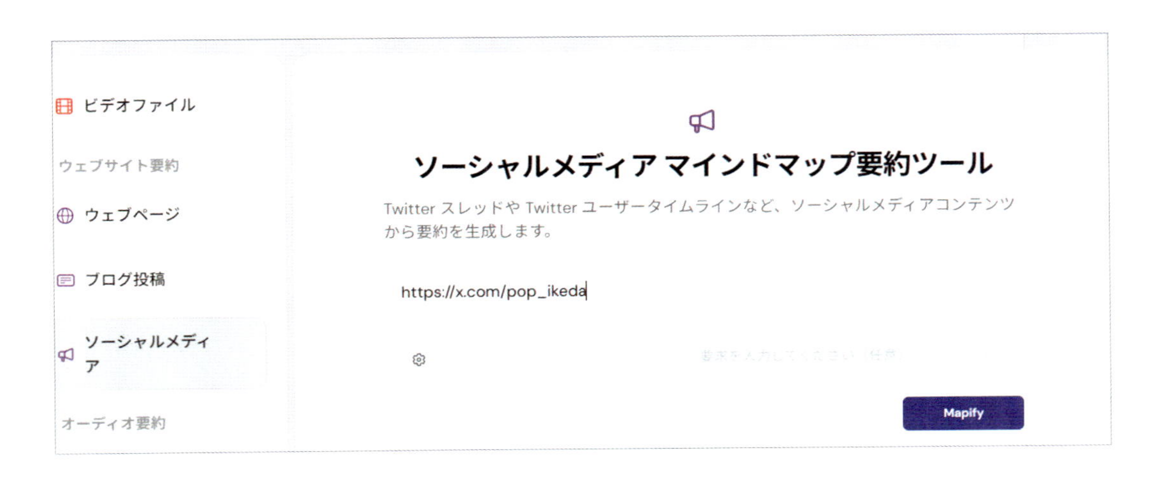

すると、Xに投稿された情報を分析し、以下のようなカテゴリーでマップを作成してくれます。

個性分析❶ 発信者がどのような人物か、投稿に対する評価など。

トピック分析❷ 発信内容を大きく4つに分類し、その概要や成果などを分析。

MBTI分析❸ 個人の性格や行動パターンを16種類のタイプに分類する性格診断テスト。

未来予測分析❹ 当該のXアカウントが今度どのように活動、展開していきそうか。

池田 朋弘 | ChatGPT最強の仕事術3万部突破！のTwitterパーソナリティ分析 by Mapify（2024-12-24からのデータ）

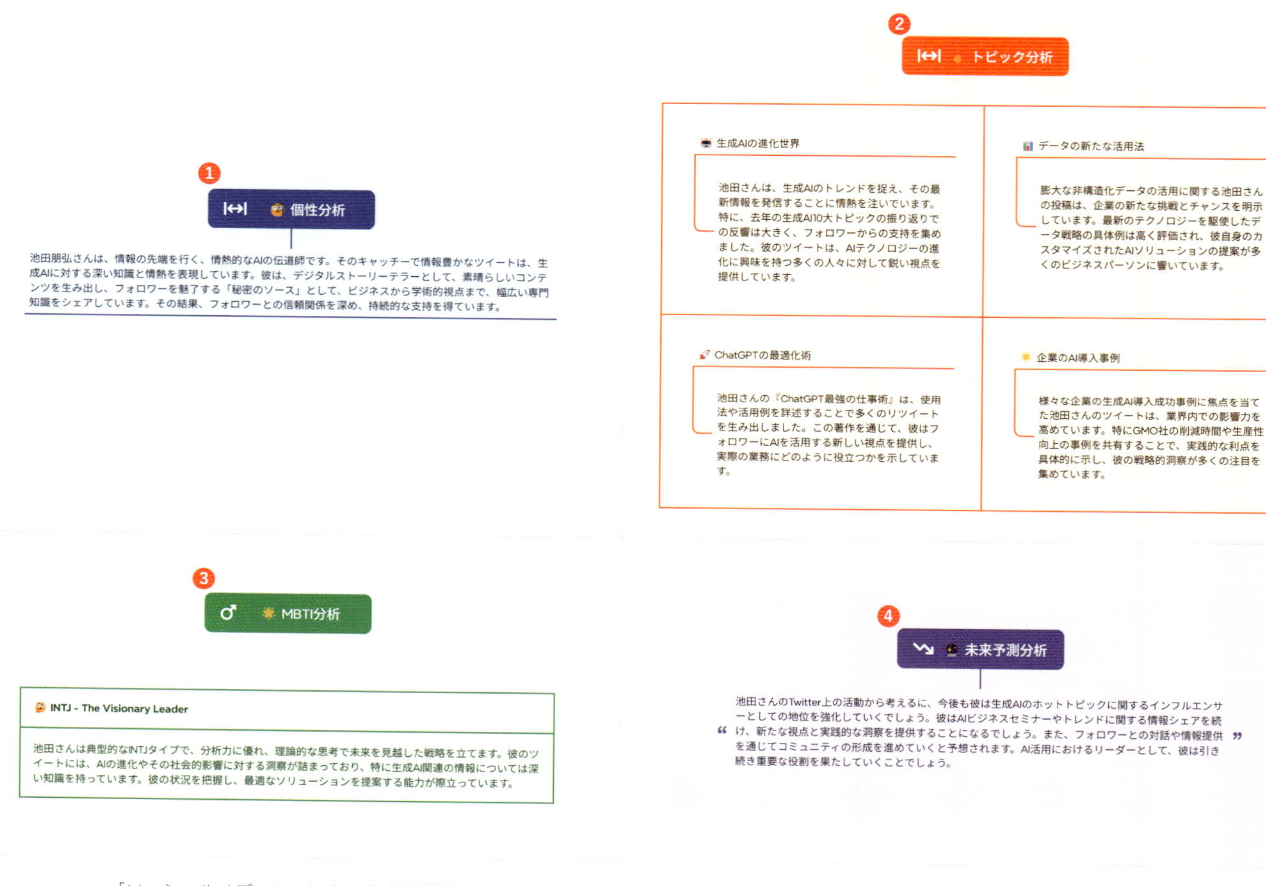

「ソーシャルメディア」による生成結果画面

トピック分析により、アポイント直前の短い時間でも、その人の関心や発信内容をつかむことが可能です。「最近〜の話題を発信されてますよね」といった話題を振ることができます。

MTBI分析については、それ単体でも参考になりますし、自分のMBTI分析を別途やっておくことで、相性診断も可能です。例えば、オンラインのMBTI相性チェックツールを使えば、相手と相性がよさそうかを事前に確認したり、それをネタに盛り上がったことがありました。

参考までに、知人であるいけがみさんのMBTI分析を行いました。著者の分析結果である「INTJ」といけがみさんの「ENFJ」をMBTI診断ツールに入力すると、以下のような結果が出ました。

いけがみ@生成AIで北海道をもっと面白くするのTwitterパーソナリティ分析 by Mapify（2024-10-20からのデータ）

ENFJ - The Protagonist

いけがみは、他者にインスピレーションを与えることに情熱を燃やすタイプです。生成AIや北海道の活性化に対する深い理解と情熱を表現しながら、フォロワーに向けたポジティブな影響力を発揮しています。彼の日々のツイートには他者を支える姿勢が見え、共感を呼び起こすものが多く、フォロワーとの心のつながりを大切にしています。

STEP1. 自分と相手の16タイプを選択

STEP2. 相性をチェック

相性をチェック

STEP3. 結果をシェア

INTJ（建築家）とENFJ（主人公）の相性は ...

最強コンビに注目！頭脳派INTJと心の達人ENFJが手を組めば、もう最強。INTJが「効率重視！」って突っ走ってると、ENFJが「ちょっと待って、みんなの気持ちは？」ってブレーキ。逆にENFJが感情に流されそうになると、INTJが「冷静に考えよう」ってアドバイス。INTJの論理力とENFJの人間力が合体すれば、どんな難問もへっちゃら。お互いの良いとこどりで、パワーアップ間違いなし！この二人、バランス抜群で相性バッチリ。一緒にいれば、世界だって変えられちゃうかも！

MBTI チェックツール　https://unpersonality.unreact.jp/

アウトプット自体が面白いので、アポイントの前に相手のマップを作成しておき、「生成AIツールでXを分析したら、こんな結果になりましたよ」などと共有し、アイスブレイクとして活用することもできます。

なお、Xの分析結果は最初に生成されたフォーマットから、他の形式に変更できます。次のページに変更の例を掲載しています。ただ、非常に細かな注意点ですが、一度変えてしまうと元に戻すことができません。カラーの変更はできます。マップ作成中に異なる形式に変換するボタンが出てしまうので、フォーマットを変更したくない場合は押さないようにしましょう。やり直したい場合は、一から同じ作業を繰り返す必要があります。

マインドマップ

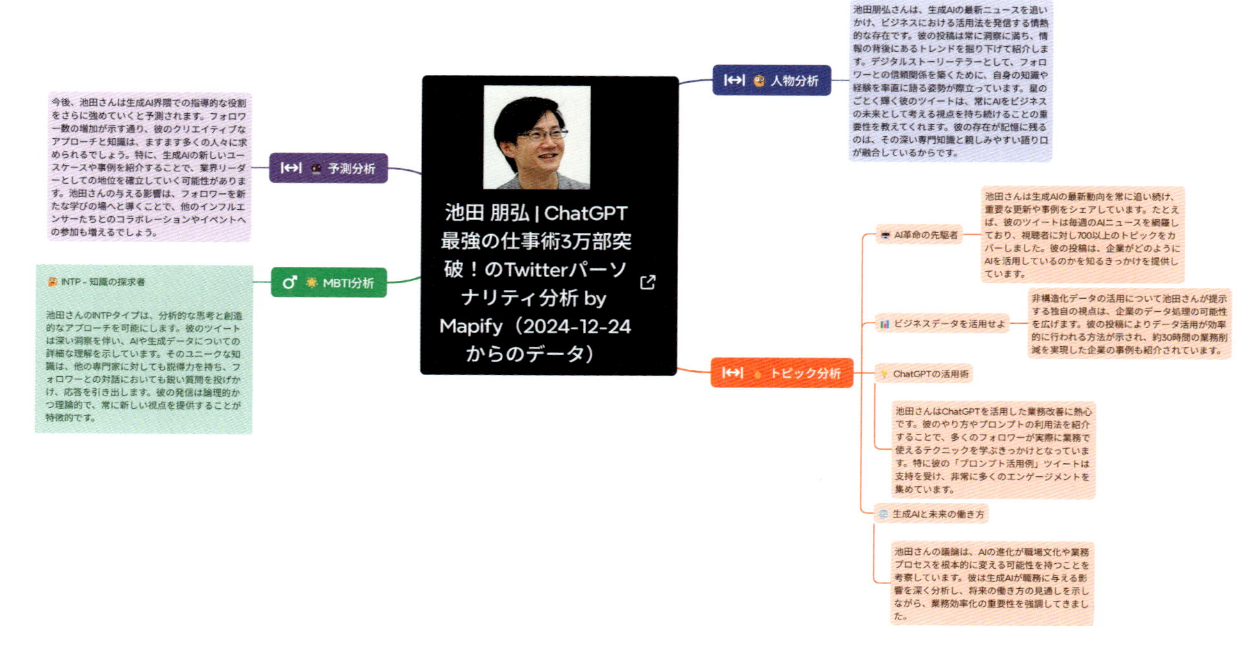

「ソーシャルメディア」で生成後、表現形式を「マインドマップ」に変更した様子。現状は一度変更すると元の形式に戻せない

活用のヒント

活用シーン	内容
チームビルディングでの自己紹介	各メンバーのX投稿を分析し、それぞれの個性を共有して絆を深める。
新規クライアントの興味分析	クライアント候補の発信ジャンルをMapifyでまとめ、提案資料の内容をカスタマイズする。
面接前の候補者リサーチ	採用候補者がどんな興味関心を発信しているかを可視化して、面接質問をより精査にする。
オンラインイベントでの下調べ	登壇者のX発信を事前にMapifyで整理して、イベント当日の質問内容を検討する。
カンファレンスでのネットワーキング	参加者リストの中から気になる人のXをMapifyで分析し、当日話すトピックを計画する。

3-8 エクセルデータを読み解く

エクセルの大量の売上データや解析データを前にして、「いったいどこから手をつければいいのだろう？」と途方に暮れた経験はないでしょうか。実際に数字がずらりと並ぶシートは、それだけで圧迫感がありますし、つい分析意欲が削がれてしまいますよね。

実は Mapify には、**エクセルデータ／CSV データをアップロードすると、自動的に分析し、結果をマップに**まとめてくれる機能があります。「マインドマップで分析？」と思われる人もいると思いますが、意外や意外、面白い結果を出してくれます。

データ分析での Mapify 活用

売上データの分析

まずは右の売上データを見てみます。これは ChatGPT を使ったダミーデータになりますが、月ごとに、合計売上・3 つの事業の売上の推移がわかる内容です。

売上月	事業A	事業B	事業C	合計売上
2023/1	440	280	180	900
2023/2	435	278	175	888
2023/3	440	279	185	904
2023/4	400	282	180	862
2023/5	405	279	183	867
2023/6	395	281	178	854
2023/7	360	280	216	856
2023/8	365	276	210	851
2023/9	360	278	215	853

グラフにすると右のような結果になります。

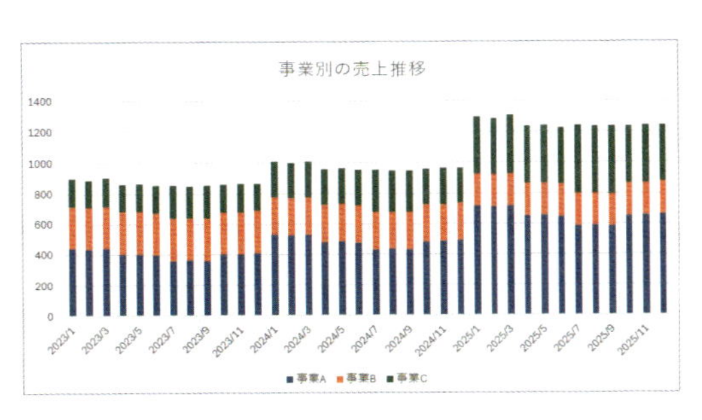

この売上データを Mapify にアップロードします。左メニューから「スプレッドシート」を選び、エクセルファイルまたは CSV ファイルをアップロードします。

このようなマインドマップが生成されました。

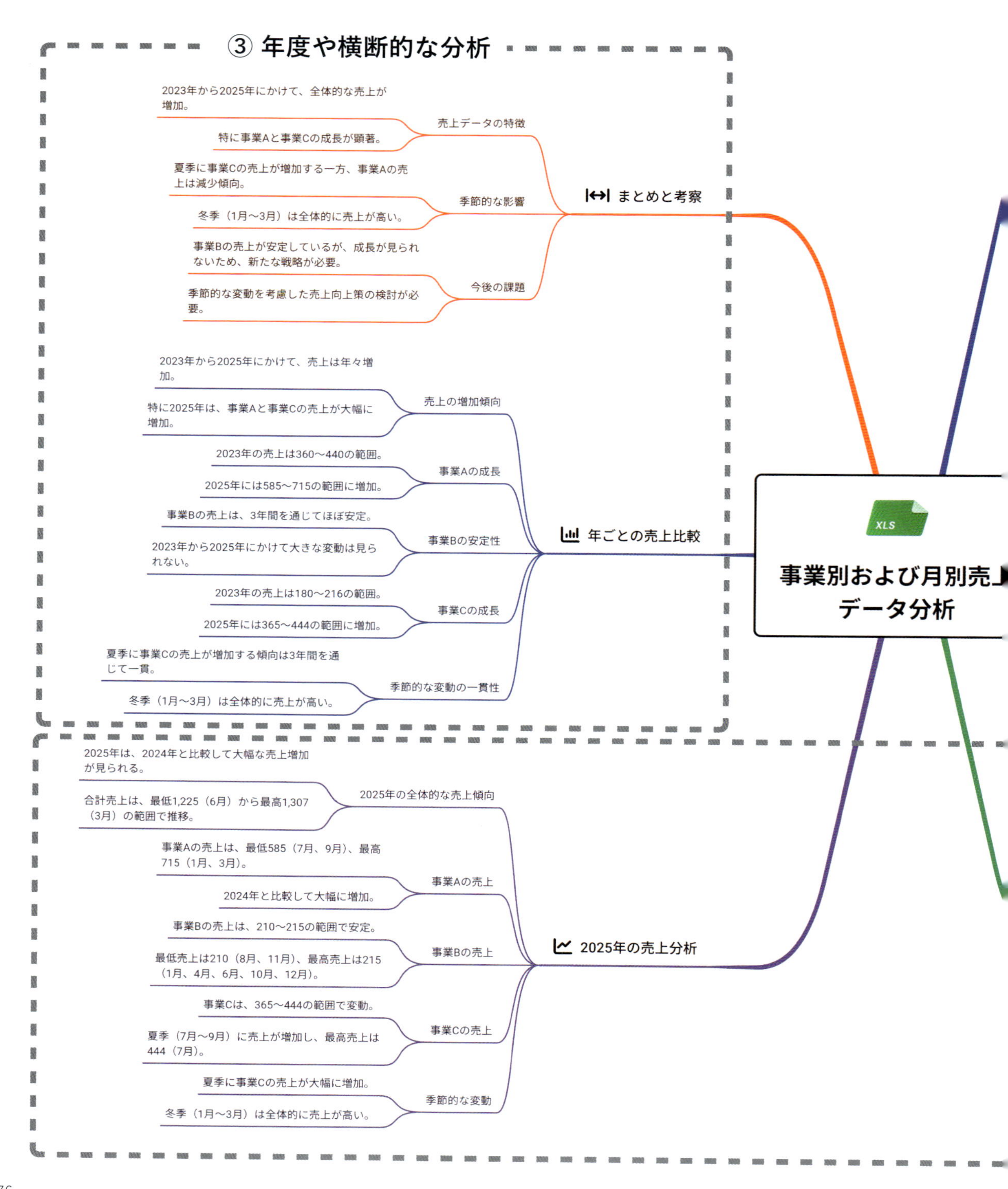

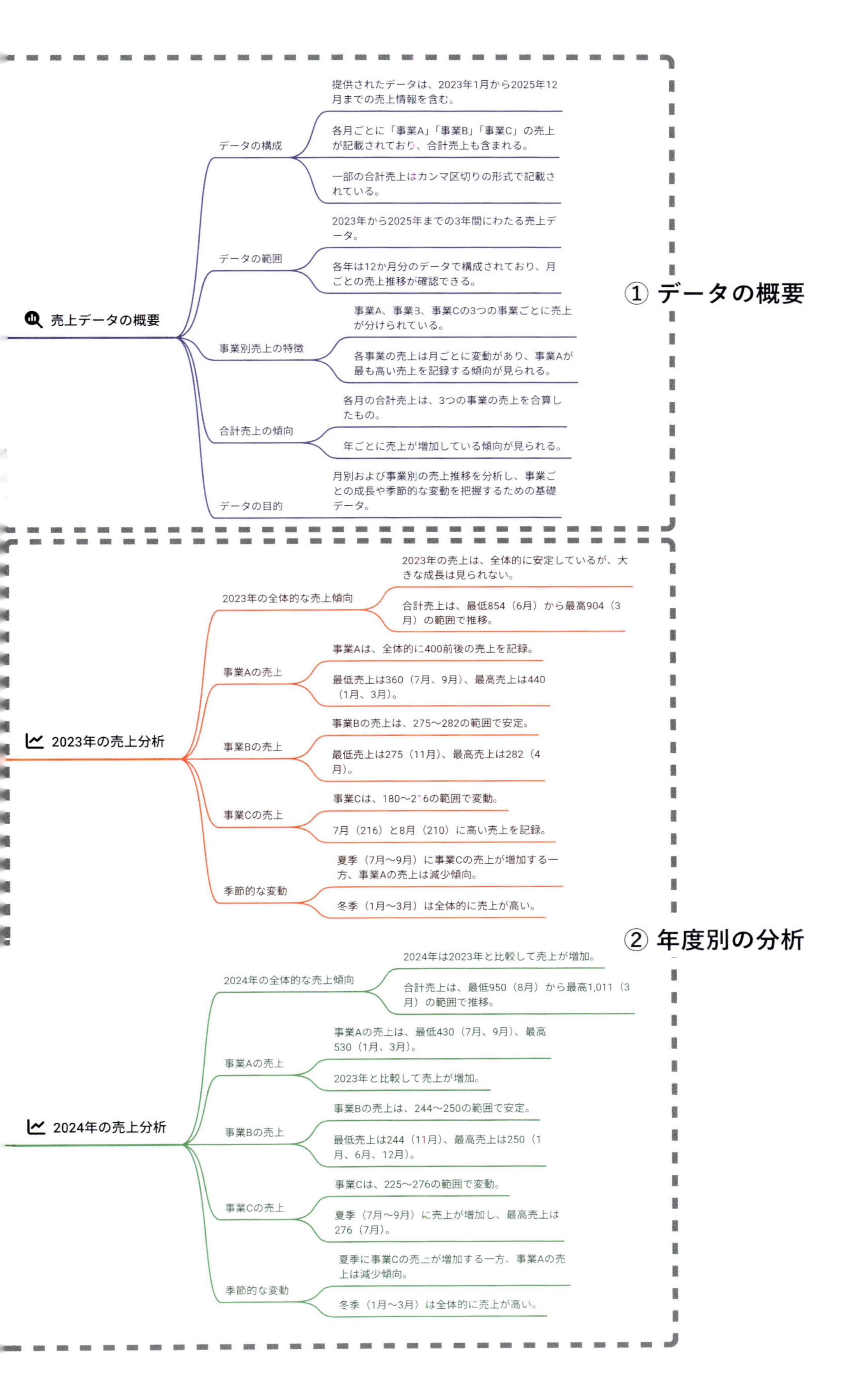
売上データの概要
データの構成
提供されたデータは、2023年1月から2025年12月までの売上情報を含む。
各月ごとに「事業A」「事業B」「事業C」の売上が記載されており、合計売上も含まれる。
一部の合計売上はカンマ区切りの形式で記載されている。
データの範囲
2023年から2025年までの3年間にわたる売上データ。
各年は12か月分のデータで構成されており、月ごとの売上推移が確認できる。
事業別売上の特徴
事業A、事業B、事業Cの3つの事業ごとに売上が分けられている。
各事業の売上は月ごとに変動があり、事業Aが最も高い売上を記録する傾向が見られる。
合計売上の傾向
各月の合計売上は、3つの事業の売上を合算したもの。
年ごとに売上が増加している傾向が見られる。
データの目的
月別および事業別の売上推移を分析し、事業ごとの成長や季節的な変動を把握するための基礎データ。
① データの概要
2023年の売上分析
2023年の全体的な売上傾向
2023年の売上は、全体的に安定しているが、大きな成長は見られない。
合計売上は、最低854（6月）から最高904（3月）の範囲で推移。
事業Aの売上
事業Aは、全体的に400前後の売上を記録。
最低売上は360（7月、9月）、最高売上は440（1月、3月）。
事業Bの売上
事業Bの売上は、275～282の範囲で安定。
最低売上は275（11月）、最高売上は282（4月）。
事業Cの売上
事業Cは、180～216の範囲で変動。
7月（216）と8月（210）に高い売上を記録。
季節的な変動
夏季（7月～9月）に事業Cの売上が増加する一方、事業Aの売上は減少傾向。
冬季（1月～3月）は全体的に売上が高い。
② 年度別の分析
2024年の売上分析
2024年の全体的な売上傾向
2024年は2023年と比較して売上が増加。
合計売上は、最低950（8月）から最高1,011（3月）の範囲で推移。
事業Aの売上
事業Aの売上は、最低430（7月、9月）、最高530（1月、3月）。
2023年と比較して売上が増加。
事業Bの売上
事業Bの売上は、244～250の範囲で安定。
最低売上は244（11月）、最高売上は250（1月、6月、12月）。
事業Cの売上
事業Cは、225～276の範囲で変動。
夏季（7月～9月）に売上が増加し、最高売上は276（7月）。
季節的な変動
夏季に事業Cの売上が増加する一方、事業Aの売上は減少傾向。
冬季（1月～3月）は全体的に売上が高い。

スタイルを読みやすい「グリッド」に変更した上で、いくつかのポイントを見てみます。まず、そもそもどんなデータなのかが整理されています。記載されている内容は非常に的を射ています。

続いて、年度別のコメントがまとめられています。2023 年と 2024 年を抜粋していますが、各事業別の売上のレンジや特に高い月、季節的な変動などもまとめられています。実はChatGPT でダミーデータを作成する際に「7～9 月は、事業 A の売上が下がり、事業 C の売上が上がる」という傾向を設定していたのですが、まさにその傾向を読み取っていることがわかります。

また、年度ごとの売上比較・まとめと考察では、「事業 A と事業 C が伸びる」「特定の時期の傾向」など端的にまとめてくれています。

このように、エクセルデータをアップロードしただけで、全体像をそれなりにわかる分析をまとめてくれるのです。

YouTube データの分析

続いて、YouTube アナリティクスのデータをサンプルに見てみましょう。ここでは私のYouTube チャンネル「リモートワーク研究所」の実データを使用します。

コンテンツ	動画のタイトル	動画公開時刻	長さ	視聴回数	インプレッ	インプレ
sua9dOk2blg	【知らない人多すぎ】作業効率が劇的に上がる最新ChatGPT活用術20選！全部使いこなせたら作	2024/10/8	5003	266569	4990927	3.71
OAr7HSYnJh4	2025年これから流行る便利AIツール9選～ChatGPT以外にも知っておきたい生成AIツールまとめ	2024/9/19	3015	162655	3295795	3.03
7pMLBh1P-w4	【AIコンサル社長が厳選！】1位のツールは特に使える！#生成ai #ai #aiツール #gamma #sunc	2024/10/29	58	46271	766199	2.86
4KCMSoXPGXw	プロンプトはもはや自分で考える必要はなし～使えるプロンプトを作るための2つの前提＆4つの	2024/12/5	3541	42519	716363	3.4
UlyokWUJHck	【保存版】ChatGPT 2025年最新入門～6つのステップでChatGPTの基礎～応用機能までマスター	2025/1/4	7456	36013	647020	3.18
_mCKRkhx3R4	2025年はこの画像生成AIが流行ります～絶対に使えるようになっておきたい画像生成AI 5選！	2024/10/25	3541	35601	528985	3.77
pAkZouQ2Olc	【必見】o1ってビジネスで実際使えるの？という方に。結論、「ソリューションセレクター」と	2024/12/7	2553	30100	512219	3.67
4ia99AB49to	YouTubeで流行ってるAIで稼げる副業は99%危険！よくあるマユツバ主張を反論しつつ、７つの	2024/10/1	3987	27392	434707	3.42
hgbwp_Ueb1w	【初心者 必見】ExcelマクロをChatGPTで自動作成し、ルーティン作業を自動化！ どの企業の成	2024/12/17	4187	26959	515083	3.49
bxOOE6QTCv4	【必見】ChatGPT最新の仕事術～知っておきたい5つのパターン＆10の活用事例	2024/5/29	2359	26213	493747	3.55
SQVGzBLoi1M	【必見】Perplexity最強のAI検索術～情報収集やコンテンツ作成の常識が変わる！世界中で使わ	2024/11/26	4038	25188	360339	3.86
5tOH0axZwRo	ChatGPTのAdvanced Voiceを徹底解説～7つの活用パターンを全部実践！この動画で音声会話の	2024/9/28	2805	20046	249712	3.67
o46BXVbTXEs	【保存版】ChatGPTの使い方 定番の質問文47コ～3つの要素・8つのパターンを理解し、AIチャッ	2023/2/19	2351	18184	256179	2.93

このデータは、単にアップロードするだけではあまりよい分析にならなかったので、要求プロンプトに「インプレッションのクリック率の傾向を分析して」と追加しました❶。

要求にそって「インプレッションのクリック率」にそった形で多角的に分析し、まとめてくれています。

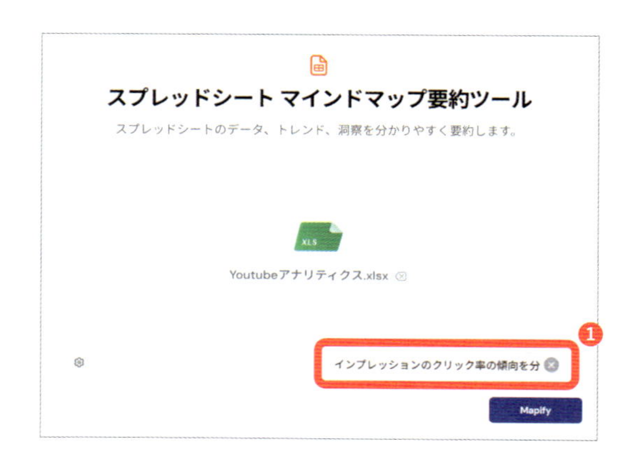

インプレッションのクリック率の全体的な傾向

- インプレッションのクリック率の平均値と分布
  - 全体的なインプレッションのクリック率は、動画の内容やテーマによって大きく異なる。
  - 高いクリック率（5%以上）を記録している動画は、特定のニッチなテーマや実用性の高い内容が多い。
  - 平均的なクリック率は2%から4%の範囲に集中している。
  - クリック率が1%未満の動画も存在し、特に短い動画や特定のターゲット層に向けた内容が多い。
- 高クリック率を記録した動画の特徴
  - 実用性が高く、視聴者の具体的な課題を解決する内容が多い。
  - 例として、「Googleドライブの使い方」や「Gmailの整理術」などの動画が挙げられる。
  - 動画のタイトルに具体的な数字や「必見」「保存版」などのキーワードが含まれている。
  - 動画の長さが適切で、視聴者が内容を短時間で理解できる構成になっている。
- 低クリック率の動画の特徴
  - タイトルが抽象的で、視聴者に具体的な価値を伝えられていないケースが多い。
  - 動画の内容がターゲット層に合致していない、またはテーマが広すぎる。
  - 例として、「生成AIサミット」や「AIの未来に関する議論」など、専門性が高いが一般視聴者には馴染みが薄いテーマ。

グリッド

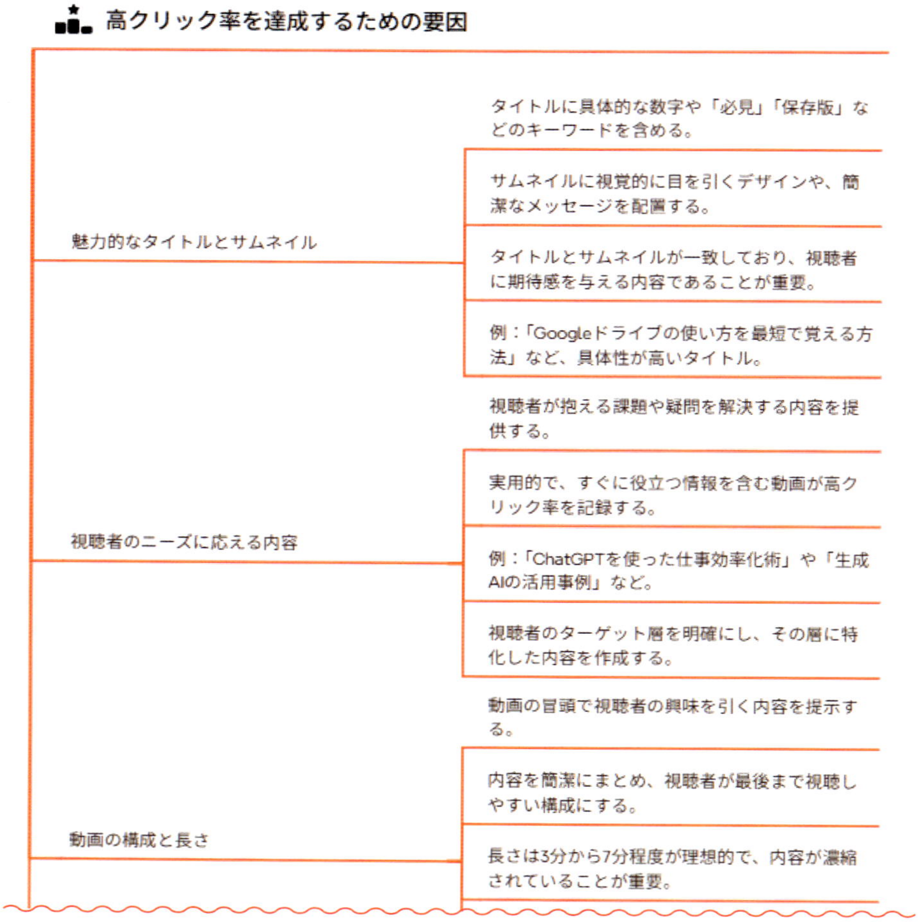

高クリック率を達成するための要因

魅力的なタイトルとサムネイル	タイトルに具体的な数字や「必見」「保存版」などのキーワードを含める。
	サムネイルに視覚的に目を引くデザインや、簡潔なメッセージを配置する。
	タイトルとサムネイルが一致しており、視聴者に期待感を与える内容であることが重要。
	例：「Googleドライブの使い方を最短で覚える方法」など、具体性が高いタイトル。
視聴者のニーズに応える内容	視聴者が抱える課題や疑問を解決する内容を提供する。
	実用的で、すぐに役立つ情報を含む動画が高クリック率を記録する。
	例：「ChatGPTを使った仕事効率化術」や「生成AIの活用事例」など。
	視聴者のターゲット層を明確にし、その層に特化した内容を作成する。
動画の構成と長さ	動画の冒頭で視聴者の興味を引く内容を提示する。
	内容を簡潔にまとめ、視聴者が最後まで視聴しやすい構成にする。
	長さは3分から7分程度が理想的で、内容が濃縮されていることが重要。

単に分析するだけでなく、「高クリック率を達成するための要因」まで分析して、データに基づいた提言をまとめてくれました。

活用のヒント

顧客属性データの分析	年齢層や居住地域をマップ化し、ターゲットセグメントを一目で把握。
広告出稿の効果測定	広告チャネル別の成果をまとめ、費用対効果の高いメディアを特定。
SNS エンゲージメントの分析	いいね数やシェア数をハブにして、キャンペーンとの関連性を可視化。
ウェブアクセス解析	ランディングページごとの離脱率や滞在時間を俯瞰して改善策を考える。
顧客満足度調査の分析	アンケート結果を主要キーワードで整理し、改善の優先度を把握。

Chapter 4

思考を“拡張”する

要約を活かしアイデアを掘り下げる

4-1 文章構成を練る

文章を作成する際、「情報をまとめたいけれど、どう構成すればいいのか悩ましい」「話を整理していたつもりが、気づけば内容が散らかってしまった」「文章を書いてみたものの、内容が薄く感じる」という経験はないでしょうか。特に、多くの情報ソースからネタを集める場合や、複雑なテーマを扱う場合、頭の中だけで整理するのは至難の業です。

そこでも Mapify の出番です。マインドマップとして内容をまとめることで、**テーマに関連する情報を体系立てて整理**する手助けをしてくれます。記事全体の構造や要点をひと目で把握できるようになり、情報の抜け漏れやポイントが明確になります。あらゆるジャンルやテーマの記事作成に役立ちます。

文章作成での Mapify 活用

ゼロから構成を考える

まずはゼロから構成を考えるパターンです。メニューの「何でも質問」を選び、テーマを入力しましょう。

マップを作るパターンは 2 つあります。1 つは「一気に」作る方法で、もう 1 つが「段階的」に広げていく方法です❶。既存コンテンツからマップ化する際には、前者の「一気に」作る選択肢だけですが、「何でも質問」で考えていく場合には、後者の「段階的に」作ることも可能です。

何でも質問
どんなトピックでも調査するか、アイデアをブレインストーミングします。
質問やトピックを入力...
テンプレート
日本語
高性能
一気に
ウェブ検索
❶
一気に
段階的に
Mapify

「段階的に」を選ぶと、3 段階に分けて、マップのノードを徐々に広げていくことができます。まずは 1 段階目の作成です。ここでは大きく 7 つのトピックが表示されました。この段階でも編集・修正・追加の作業をすることができます。

以下は、Mapify が最初に作ってくれたアイデアをもとに、編集・修正したバージョンです。

続けて、「次へ❷」ボタンを押すと、2 段階目が作成されます。ここでも同様に内容の加筆修正を行うことができます。また「完了」と押すと、次の段階まで作成せずに終えることもできます。

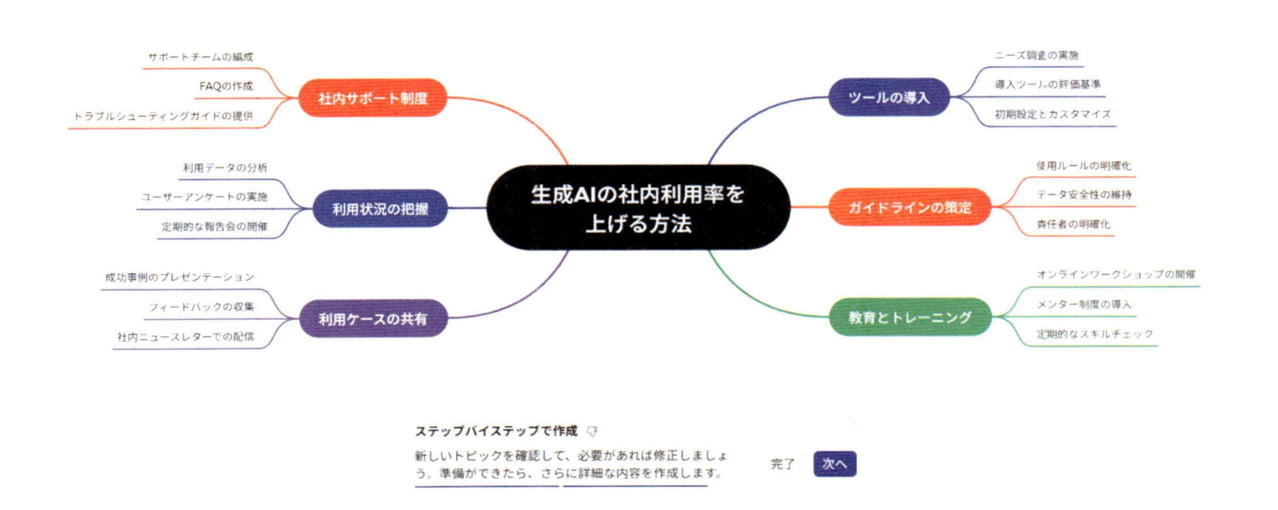

さらに「次へ」を押すと、3 段階目までマップを拡張できます。このようにステップバイステップで広げていくことで、自分の頭で確認・判断しながら内容を整理し、よりよい構成を考えることができます。

ChatGPT などの文章生成 AI では、文章だけでずらっと表示されるため、全体像の把握が難しくなりがちです。しかし、Mapify を用いることで、全体像を俯瞰しつつ、特定のポイントだけを深掘りしたり拡充したりできるわけです。

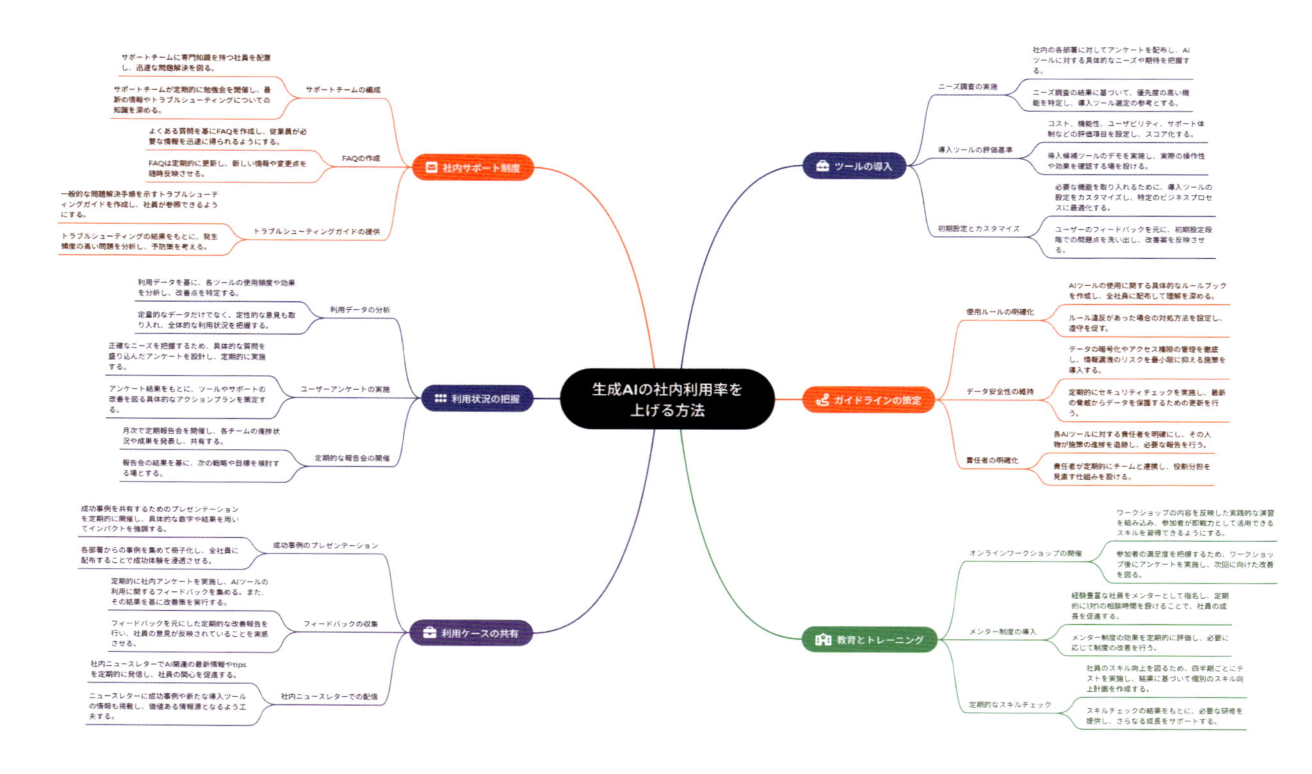

これ以降は自分で内容をチェックし、さらに磨き上げていきます。この際、第 2 章でも紹介した「さらにアイデアを生成する」「もっと詳しく教えて」を活用することで、自分の頭だけでなく、AI の力を借りながらブラッシュアップすることができます。

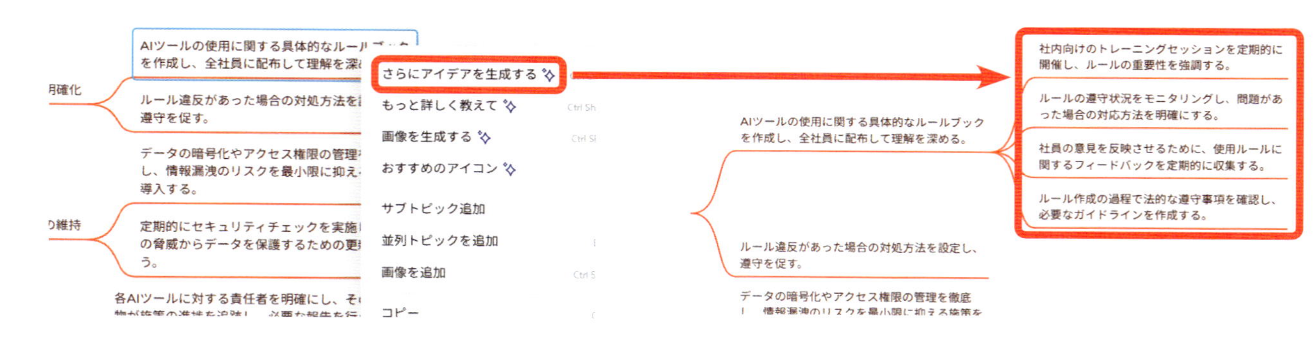

気になるノードを選択し、「さらにアイデアを生成する」を押すと新しいノードができる

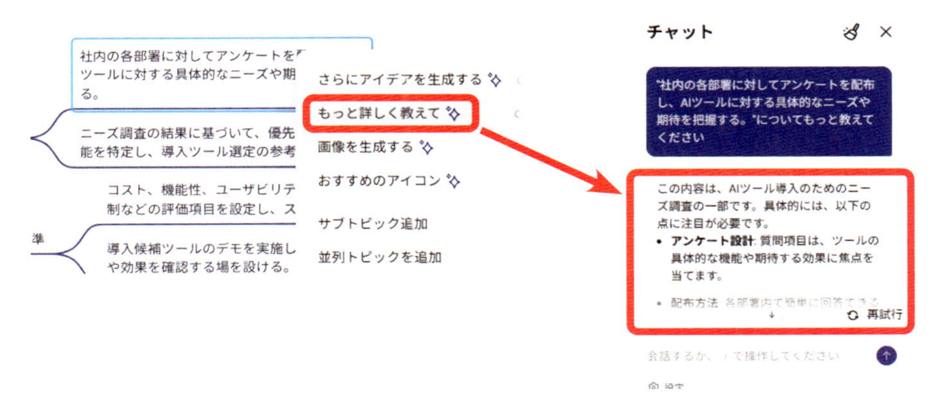

ノードを選択し「もっと詳しく教えて」を押すとチャット欄で回答してくれる

ウェブ検索から構成を考える

「何でも質問」には「ウェブ検索」機能があります(31ページ参照)。この機能を使うことで、インターネットで最新情報を検索し、その結果を踏まえたマップが作成されます。なお、「ウェブ検索」を使う場合は現状、「段階的に」は利用できず「一気に」マップが作成される仕様です。

「ウェブ検索」で作成したマップの最大の特徴は、どのウェブサイトに記載されている情報なのかを確認できることです。ノード内に、[1]のような数値と「新しいウインドウを開く」アイコンが表示されている場合❸、アイコンを押すと参照元のサイトを開いて根拠を直接確認できます。

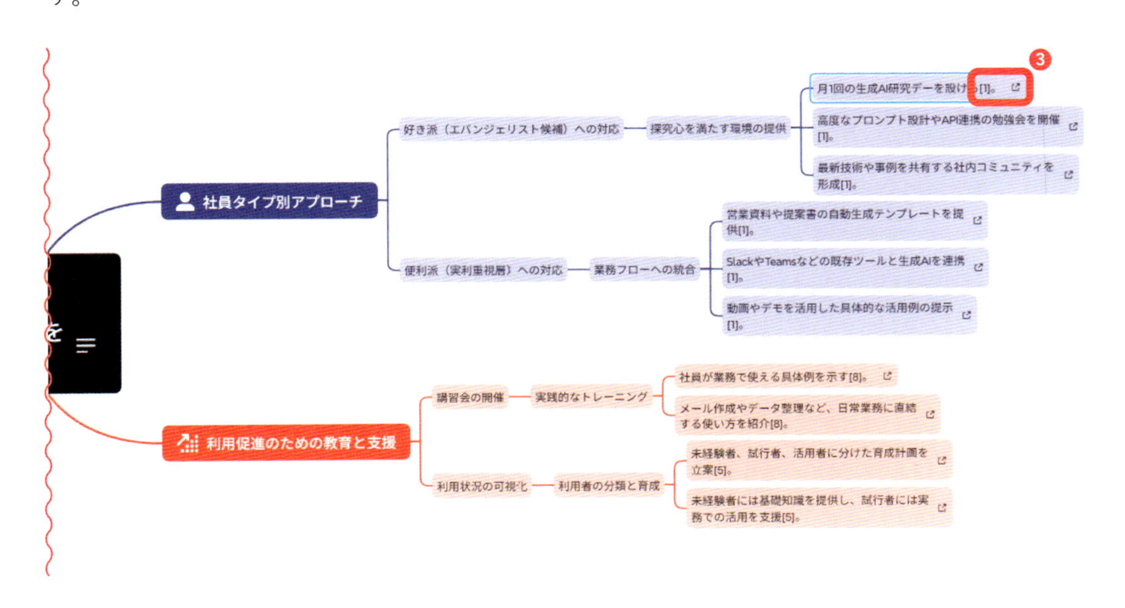

「ゼロから構成を考える」場合、各ノードの内容は生成AIが考えたアイデアであり、実際の事例や根拠の有無はわかりません。しかし、「ウェブ検索」を利用することで、より実態に根ざしたコンテンツを作成できるわけです。

マップ上では、「参照サイトの一覧」や「各ノードの内容がどのサイトを参考にしているか」がわかりづらい場合があります。詳しく調べたいときは、画面右上の「共有」→「エクスポート」→「Markdown」で.mdファイルをダウンロードしてください。そのファイルをメモ帳などで開くと、参照サイトの一覧や根拠となるURLを確認できます。

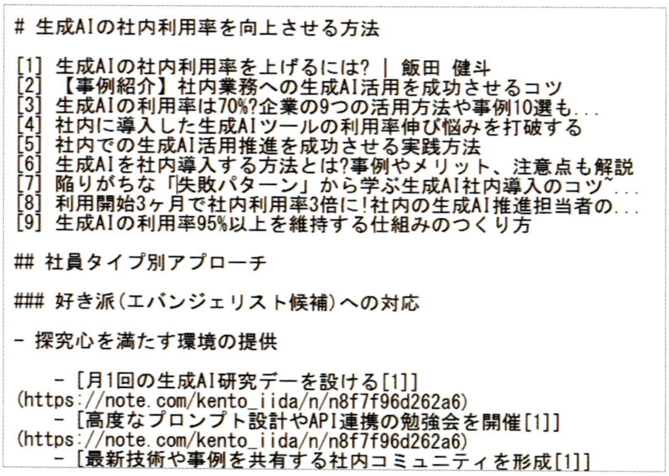

```
# 生成AIの社内利用率を向上させる方法

[1] 生成AIの社内利用率を上げるには? | 飯田 健斗
[2] 【事例紹介】社内業務への生成AI活用を成功させるコツ
[3] 生成AIの利用率は70%?企業の9つの活用方法や事例10選も...
[4] 社内に導入した生成AIツールの利用率伸び悩みを打破する
[5] 社内での生成AI活用推進を成功させる実践方法
[6] 生成AIを社内導入する方法とは?事例やメリット、注意点も解説
[7] 陥りがちな「失敗パターン」から学ぶ生成AI社内導入のコツ~...
[8] 利用開始3ヶ月で社内利用率3倍に!社内の生成AI推進担当者の...
[9] 生成AIの利用率95%以上を維持する仕組みのつくり方

## 社員タイプ別アプローチ

### 好き派(エバンジェリスト候補)への対応

- 探究心を満たす環境の提供

    - [月1回の生成AI研究デーを設ける[1]]
(https://note.com/kento_iida/n/n8f7f96d262a6)
    - [高度なプロンプト設計やAPI連携の勉強会を開催[1]]
(https://note.com/kento_iida/n/n8f7f96d262a6)
    - [最新技術や事例を共有する社内コミュニティを形成[1]]
```

.mdファイルを開くとウェブ検索の結果がわかる

活用のヒント

ブログ記事	ターゲットや訴求点をMapifyでまとめ、説得力のある構成を作る。
トレンド調査記事	最新ニュースや統計情報をMapifyで俯瞰し、分析結果を構造的にまとめる。
研修テキストの作成	研修の目標や流れをMapifyで設計し、要点を網羅したわかりやすい教材を作る。
ストーリー性のある記事	導入から結末までの流れをマインドマップで描き、執筆しながら筋書きを見直す。
SNS連携記事	XやInstagramの投稿内容をMapifyで体系化して、ブログでより深い内容を発信する下地とする。

ユーザーの声

SEO記事の作成サポートに！

SEO記事を作る際のリサーチで利用しています。SEOキーワードをそのまま入れたり、疑問文にして入れたりしています。記事の構成がイメージしやすくなり助かっています。（さとう）

4-2 企画ブレストを効率化

企画を考える際には、ブレインストーミングなどでアイデアをたくさん出すべき場面があります。とはいえ、自分の頭だけで考えていると、すぐにアイデアは枯渇してしまいます。

ChatGPT などの対話型 AI ツールはアイデア出しに非常に有用ですが、文章だけで表示されてしまうので、単発のアイデアはよいものの、連想的に考えようと思うと、フォーマット的にやや不向きです。

こうしたシーンで Mapify を使うと、テーマとなるキーワードや連想した単語を入力していくだけで、**アイデアの関係性を可視化しながら、企画案を広げていく**ことができます。マインドマップ形式なら多数のアイデアも 1 枚に収まるので、後から振り返るのも容易です。

活用 企画ブレストでの Mapify 活用

やることは前節の「文章作成」と同様です。メニューの「何でも質問」を使い、テーマやキーワードを入力しましょう。

「テンプレート❶」を使うと、より用途に適したマップが出力されます。今回は「アイデアをブレインストーミング」を利用します。

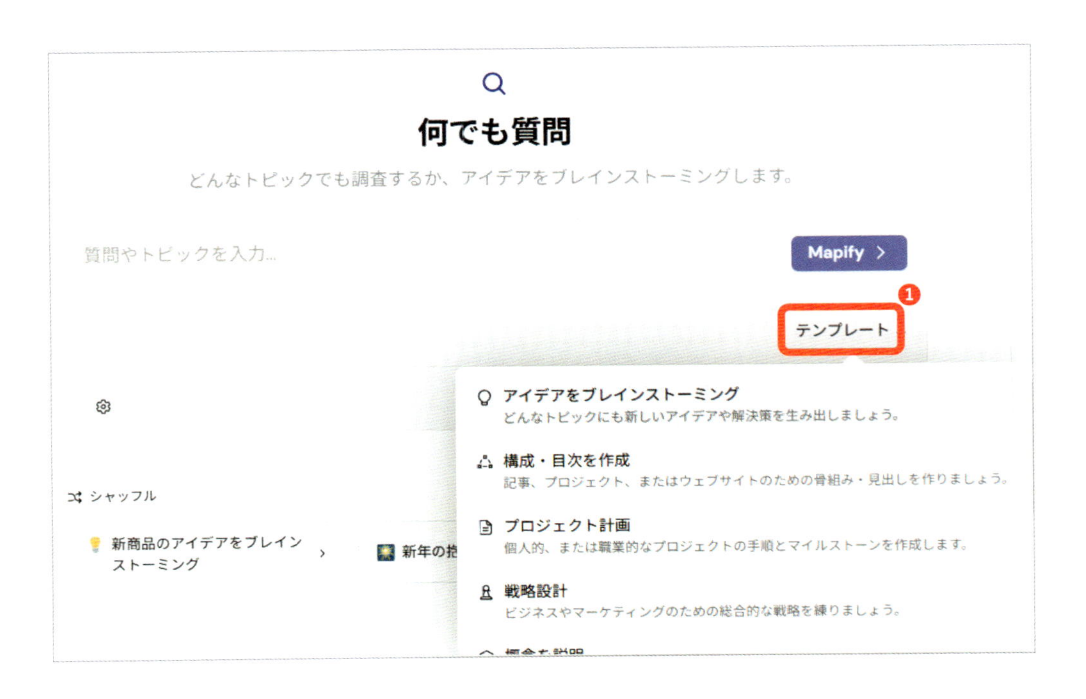

プロンプトとして、オンラインセミナーのアイデアを考えてくれるように入力します。

何でも質問

どんなトピックでも調査するか、アイデアをブレインストーミングします。

生成AI×デジタルマーケティングでのオンラインセミナーを考えたい。企画のアイデアを考えて

Mapify >

ウェブ検索

テーマアイデア以外にも、以下の赤枠のようにプロモーション戦略や予算、成功指標など様々な視点でアイデアを生成してくれます。

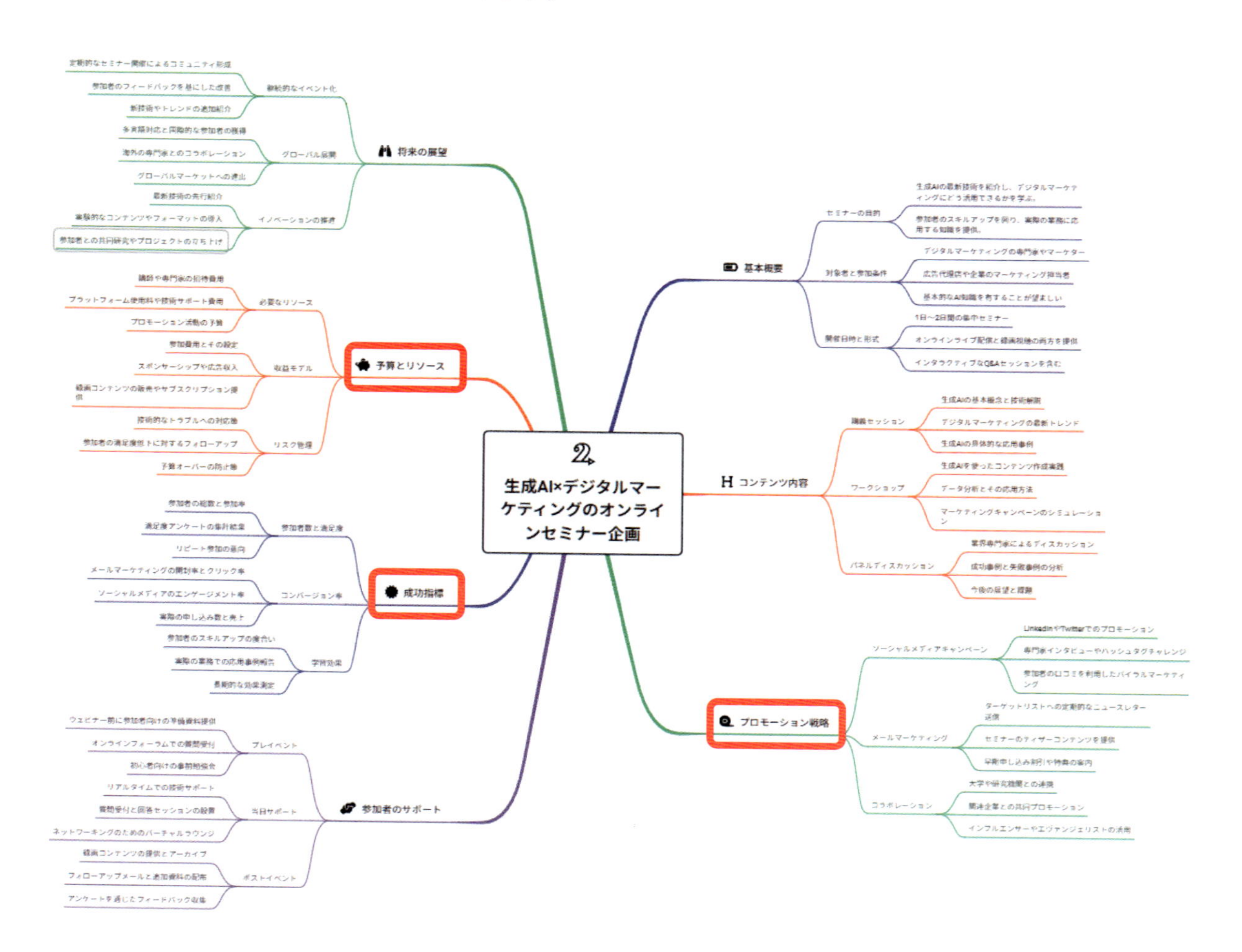

今回はまずコンテンツの中身だけを考えたいので、不要なノードは削除します。ノードを選択し、Delete キーで削除できます。
「コンテンツ内容」のノードを選び、右クリックでメニューを開き、「さらにアイデアを生成する❷」を使うことで、新たなアイデアを多数作成することができます。

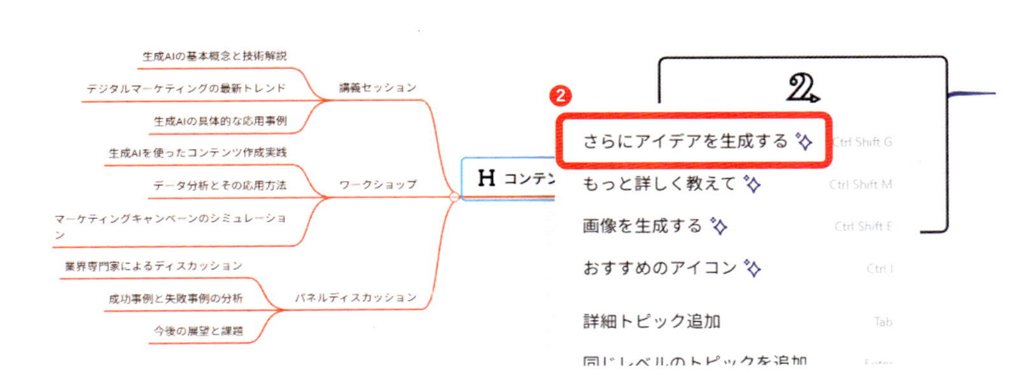

関心のあるテーマがあれば、そのノードから新たにアイデアを生成することで、より具体的に掘り下げることも可能です。

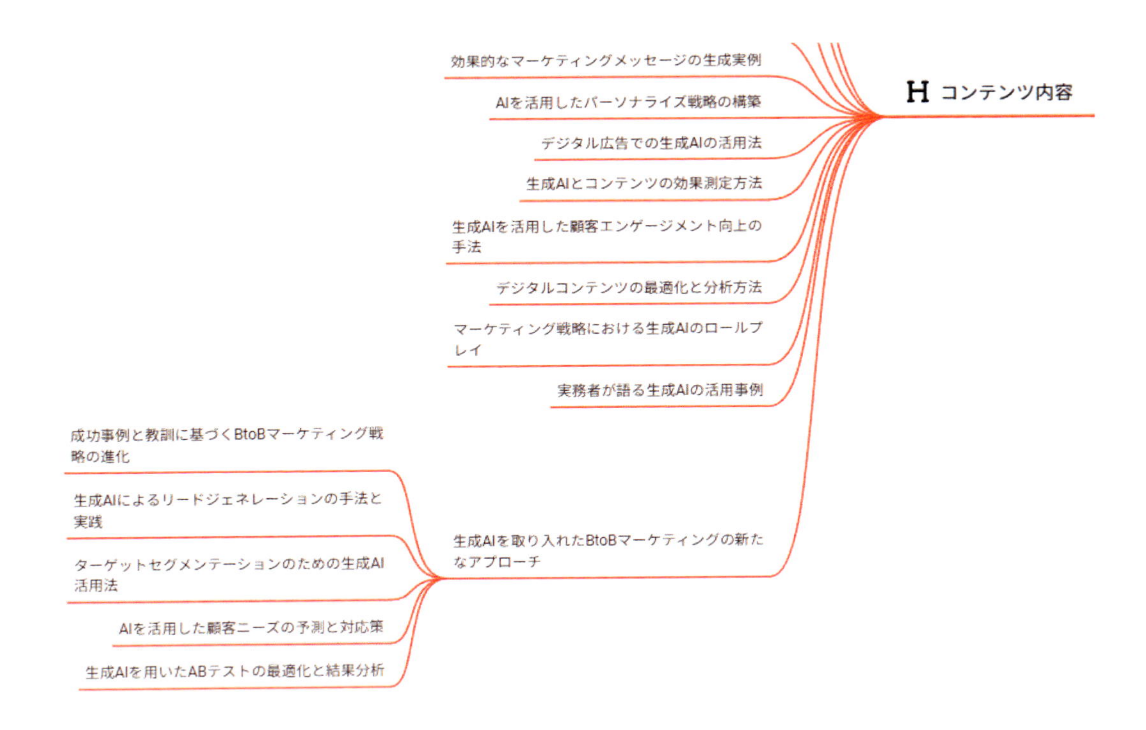

活用のヒント

新商品アイデアの大量洗い出し	特徴や強みをマインドマップ化し、全体像を一望する。
ターゲット細分化の検討	サービスの方向性を多角的に検討し、具体的なプランをまとめる。
広告コンセプトのブレスト	ビジュアル案やコピー案を比較検討し、方向性を明確化する。
イベント企画のアイデア抽出	集客や演出、協賛の要素を連想しながら、関連性を可視化する。
キャンペーンの構想	SNS や店舗集客施策を多方面から発想し、魅力を高める。

4-3 特定テーマの最新情報を1枚で集約

あるテーマの最新情報を調べようと思ったときに、複数のサイトを行き来して「面倒だな」と思った経験はないでしょうか。最近のAIツール（ChatGPTやPerplexity）はウェブ検索機能もあり、横断的にまとめてくれますが、文章が羅列された回答だと、理解に時間がかかることがあります。

そこで役立つのが、Mapifyのウェブ検索機能です。**指定したテーマやキーワードから、複数のウェブページをもとにマップを自動生成し、要点を1枚に整理**してくれます。マインドマップ上から、元のサイトや根拠となった情報源へ直接アクセスできます。さらに、気になるノードがあれば追加でアイデアを出したり、思考を深めることもできます。

活用 最新情報まとめのMapify活用

このケースでは「何でも質問」の「ウェブ検索❶」を利用します。ウェブ検索は無料プランでも利用できますが、一度に確認できるサイト数が制限されています（無料版やBasicでは5サイトまで、Pro以上だと10サイトまで）。

例えば「GeminiのDeep Researchという機能についての活用方法」を調べてみます。2024年12月にリリースされた新しい機能なので、AIモデルはもちろんこの機能を知らず、回答するには最新のウェブ上の情報が必要です。

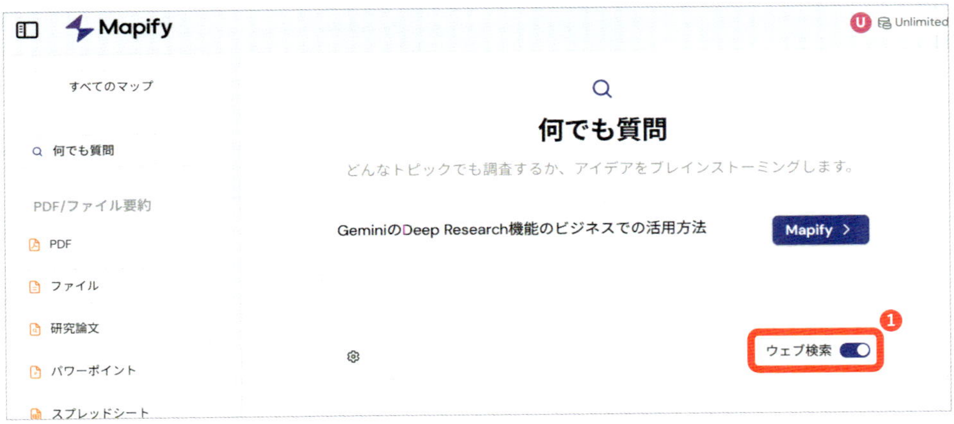

「ウェブ検索」をオンにすると、ウェブ上の情報を1枚のマップにまとめてくれます。この例では、10サイトの結果を、「概要」「活用方法」などのわかりやすい単位で、1枚のマップに整理してくれました。1つ1つサイトを確認するよりも、圧倒的に効率よく最新情報をまとめることができます。

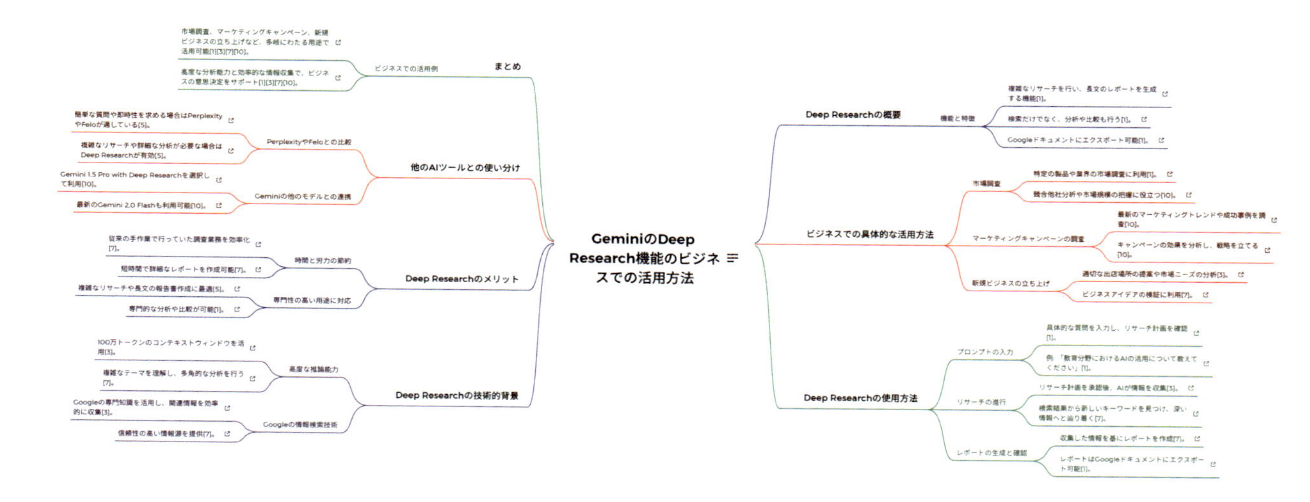

ウェブ検索を使っている場合、ノードの右側に [1] のような数値が入ります。これは根拠となるサイトがあることを示しています。「新しいウィンドウ❷」アイコンをクリックすると、元サイトを開けます。

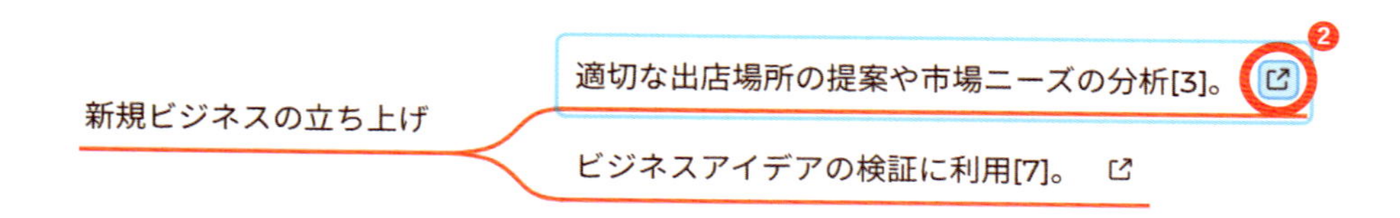

マップ上で、特に気になるものがあれば、右クリックして「さらにアイデアを生成する」で、思考を広げることができます。新しいノードについては、根拠となるサイトがある場合もあればない場合もあります。ノードにファクトがあるかどうか、新しいアイデアなのか、仮説なのかなどは注意するようにしましょう。

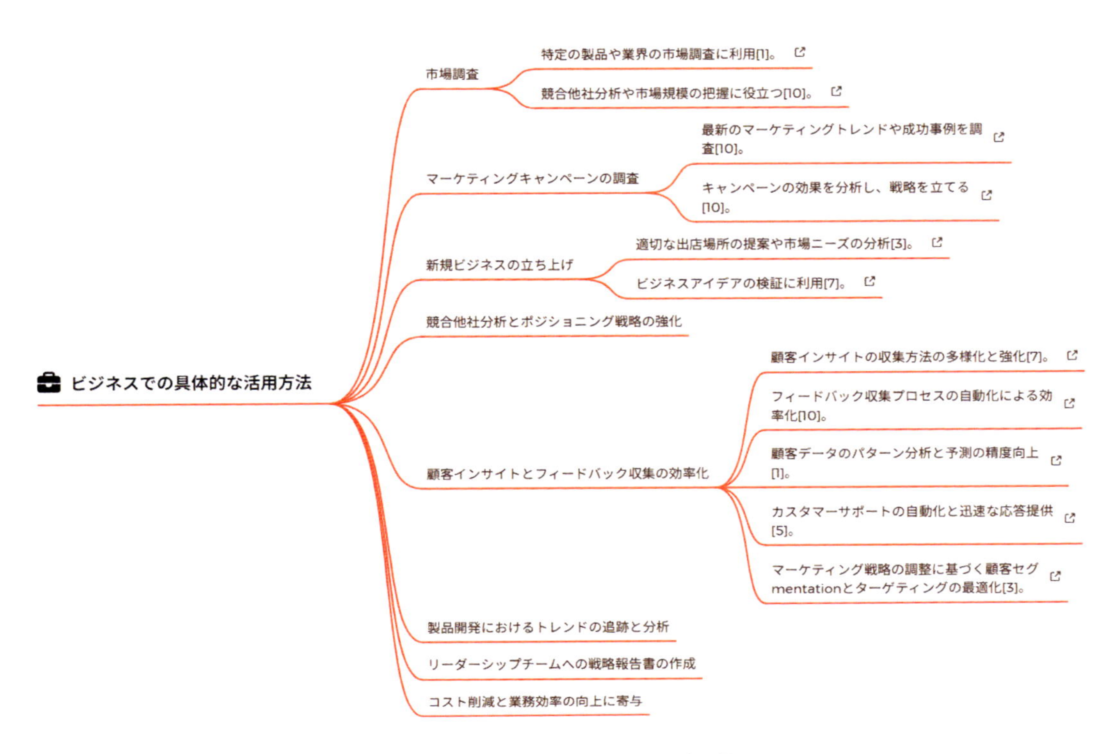

左ページでは３本だった枝分かれが「さらにアイデアを生成する」の操作で８本に増えている

本書執筆中の 2025 年 2 月には、中国の DeepSeek という AI サービスが一躍話題になり、わずか 1 週間で 1 億ユーザーを突破しました。この DeepSeek についても、Mapify のウェブ検索を使うことで、概要や強み、懸念事項などを 1 枚で把握できます。

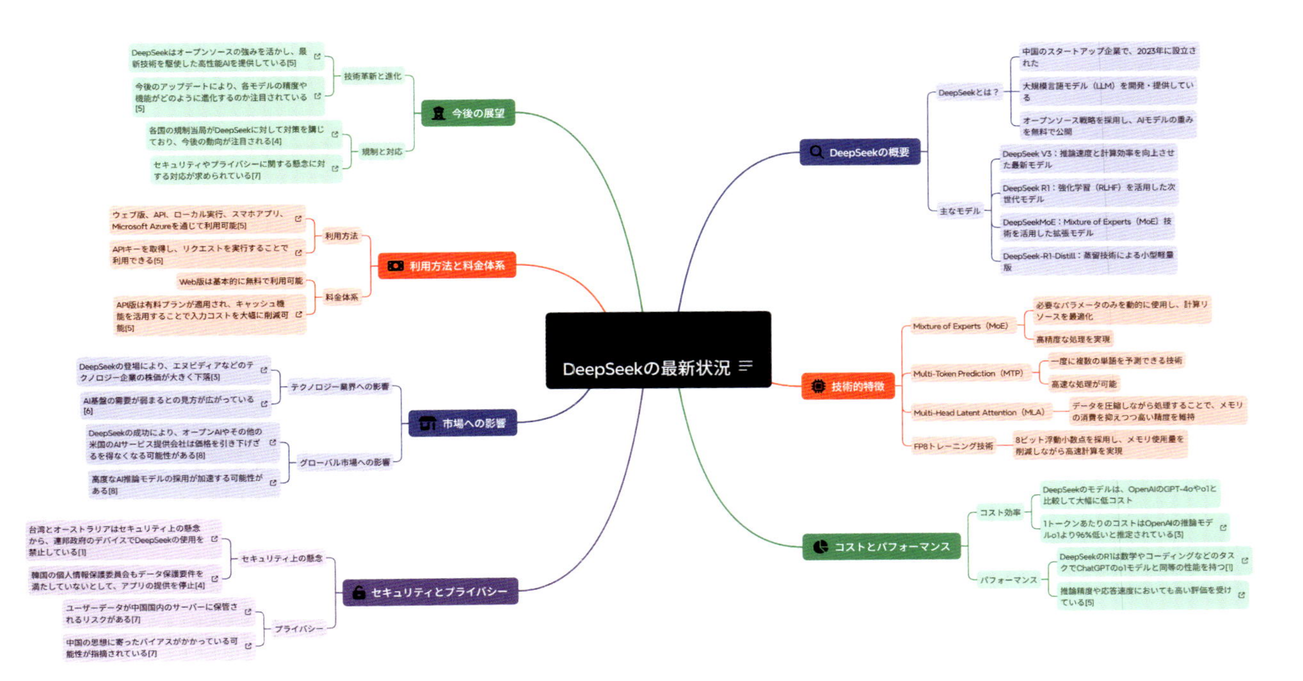

活用のヒント

新技術の調査	話題になっている新しいテクノロジーの全体像を早期に把握したいとき。
商品レビューの総括	複数の EC サイトやブログレビューをまとめて、良い点・悪い点をスピーディーに確認したいとき。
国際ニュースの整理	海外の動向を定期的にキャッチし、日本への影響を整理するとき。
サービスや企業の理解	訪問や接触する前にその企業の概要を把握。
マーケットトレンドの確認	業界レポートやニュースから、市場の方向性を探るとき。

4-4 プレゼンのロジックチェック

ビジネスや学習の場では「説得力のあるプレゼン資料」を作るべきシーンが多数あります。例えば、社内向けの新規プロジェクトの提案や、クライアントへのマーケティング計画の説明など。多くの場合、こうした資料はパワーポイントで作成されてきました。

さて、プレゼン資料を作る際に、「話が飛んでしまっていないか？」「論点をしっかりカバーできているか？」などと不安になることはないでしょうか。特にパワーポイントで資料を作っていると、スライドごとの内容は確認できても、全体像やスライド間の整合性を確認するのが意外と大変なものです。

そこで活用したいのが、Mapify です。作成中のパワーポイントファイルをアップロードするだけで、スライド内容をマインドマップとして可視化できます。視覚的に全体の構成を俯瞰できるため、**要点の抜け漏れがないか、論点が重複していないかなどを素速くチェック**できるのがポイントです。ページ単位の「虫の目」のチェックではなく、プレゼン全体を「鳥の目」で確認できるのがこれまでのツールとの大きな違いといえます。

活用 企画ブレストでの Mapify 活用

プレゼンチェックでの Mapify 活用

やることは非常に簡単で、メニューから「パワーポイント」を選び、ファイルをアップロードします。生成前に「どこまで複雑にするか」「自動でおすすめアイコンをつけるか」などの設定も可能です❶。

なお、ファイルサイズは50MB以内のため、データが大きすぎる場合は複数ファイルに分割することを検討しましょう。また、Mapifyの特性として、すべての情報を1枚のマップに整理するため、内容が多岐に渡りすぎる場合、1つ1つの内容が薄くなったり、一部の内容が抜けてしまう可能性があります。プレゼン資料をチェックする際には、ファイル全体をアップロードして「全体の構成を大まかにチェックする」場合と、特定のセクションだけを切り出して「部分を細かくチェックする」場合で使い分けることも有用です。

例えば、このマップは70ページ程度のプレゼン資料全体を「タイムライン」形式でまとめたものです。このマップでは、細かな各論ではなく、全体の流れや大きな抜け漏れがないかをチェックするのに適しています。

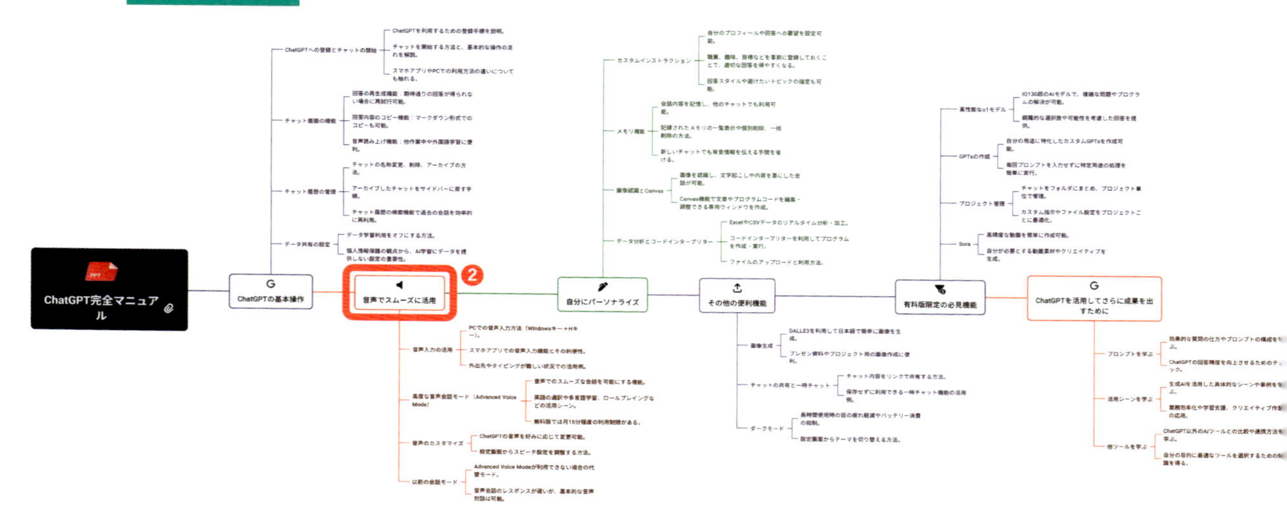

タイムライン形式でも全体像はわかるが、ややヌケモレがある

一方、次のマップは先ほどの資料の中から「音声でスムーズに活用❷」というセクション（7ページ分）だけを抜き出したパワーポイント資料をアップロードし、「マインドマップ」形式で表示しています。別のパワーポイント資料に保存するのはやや手間ですが、先ほどのタイムライン形式と比較し、このセクションだけを抜き出すことで、より高い解像度で内容を確認できます。

マインドマップ

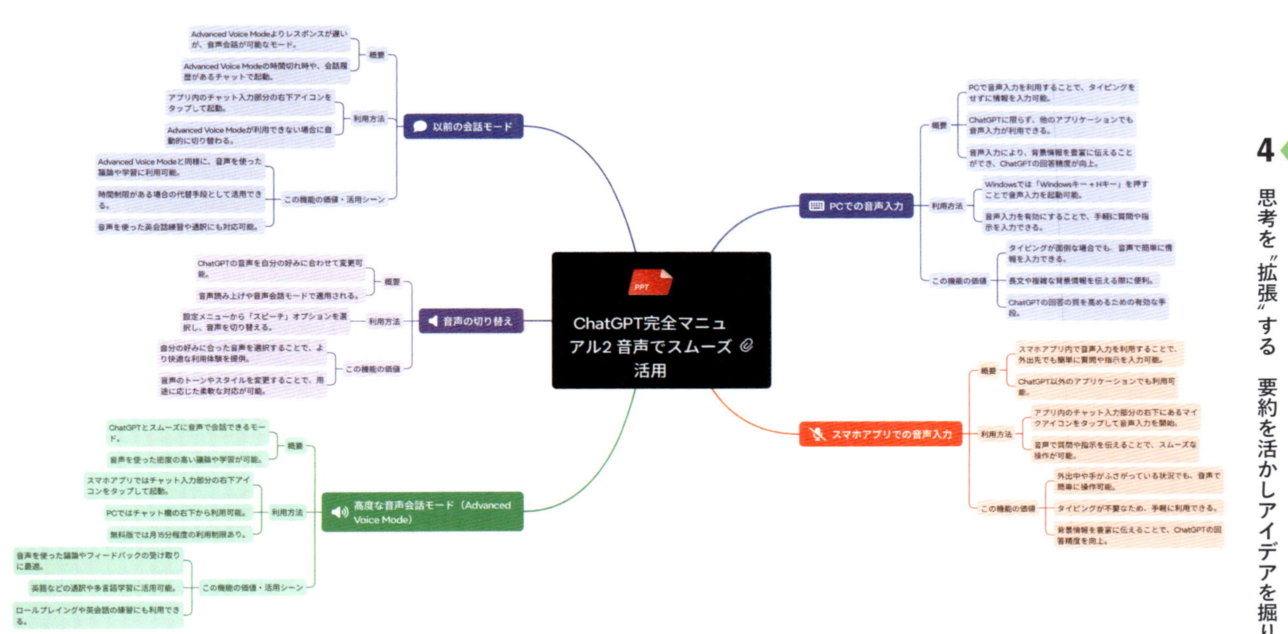

7 ページ分だけを切り出して追加。範囲が狭い分、抜け漏れが少なく詳細に表示される

また、パワーポイントやPDFなどの元データをアップロードした場合、AIチャット機能の設定で「コンテンツとチャット❸」を選ぶと、チャット内で元データを参照しながらのやり取りができます。現時点では「元データのどこを参照して回答しているか」はわかりませんが、今後はそのあたりも対応されてくるはずなので期待しましょう。

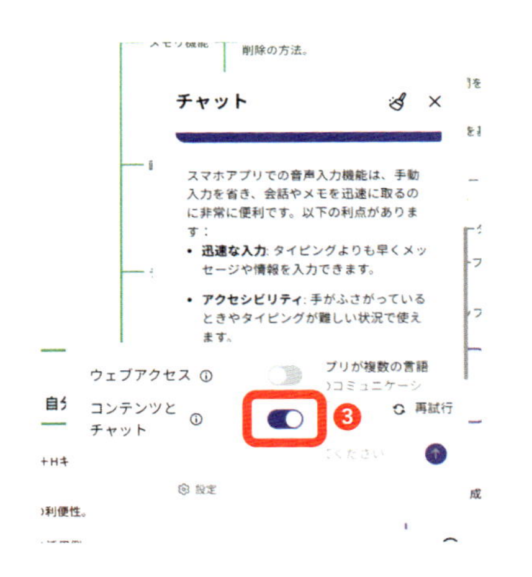

活用のヒント

会議のアジェンダ整理	複数の議題が詰まったパワーポイントをMapifyで可視化し、優先的に話し合うトピックを明確化。
提案書のロジック検証	クライアント向けの提案書をマインドマップ化し、抜け漏れのない説得力ある構成にする。
研究論文の章立て見直し	学術論文をMapifyで可視化し、文献レビューや分析手順が適切に配置されているかチェック。
学習用教材の作成	社員研修資料をMapifyで要約して、学習効率を高めながら全員で内容を把握。
マニュアルの改善	既存の操作手順書をMapifyに落とし込み、更新すべき箇所や重複を抽出して改善点を明確に。

4-5 自己分析

就職や転職、ステップアップを考えるとき、自分自身のことををしっかり理解できているかどうかは大きな差になります。どんな企業や職種が合っているのか、何を強みにアピールできるのかは意外と見落としがちです。定期的に自己分析を行い、自分の変化や新たな可能性を確認する習慣を持ちたいものです。

一般的に自己分析では、「自分の長所と短所」「周囲からの評価」「今後のキャリアの方向性」など、多角的な観点が必要になります。しかし、これらの情報をテキストや頭の中で整理するのは大変です。視点が散逸してしまったり、そもそも思いついたアイデアをどう整理すればいいのか迷ってしまうことも珍しくありません。

そんなときにおすすめなのが、Mapify による自己分析の可視化です。マインドマップの自動生成機能を使えば、**取捨選択するだけで自己分析マップを簡単に作成**できます。今回は「性格」を分析していますが、「キャリア観」「仕事の目標」など、様々な論点で活用できます。

活用 自己分析での Mapify 活用

メニューの「何でも質問」を選び、「私の性格マップ」と入力します。いきなり全部を作るのではなく、段階を踏んで行うためにモードは「段階的に❶」を選択しましょう。

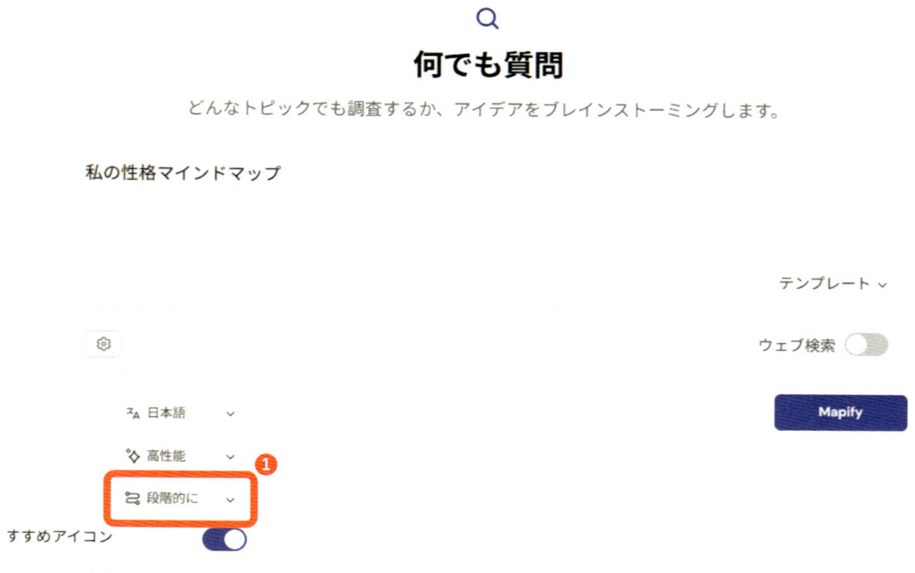

まず１段階目に性格の要素が表示されます。最初は８つ程度しか出ないのですが、ここからさらに選択肢を増やしていきます。中央の「私の性格マインドマップ」を右クリックし、「さらにアイデアを生成する❷」を押しましょう。ちなみにショートカットキーで「Ctrl ＋ Shift ＋ G」でも同じことができます。

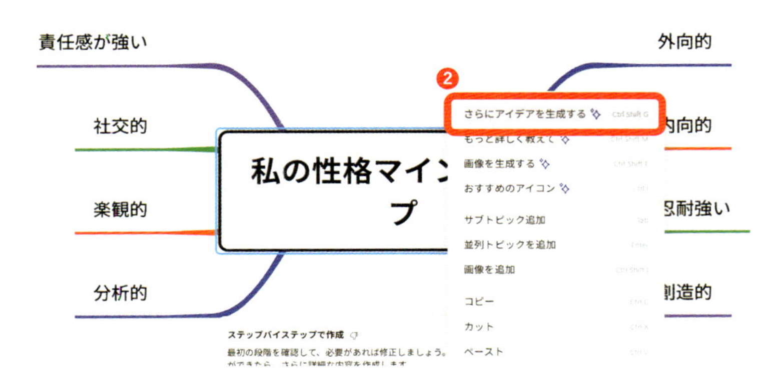

アイデア生成を何度か繰り返すと、下記のように多数の要素を作成できます。

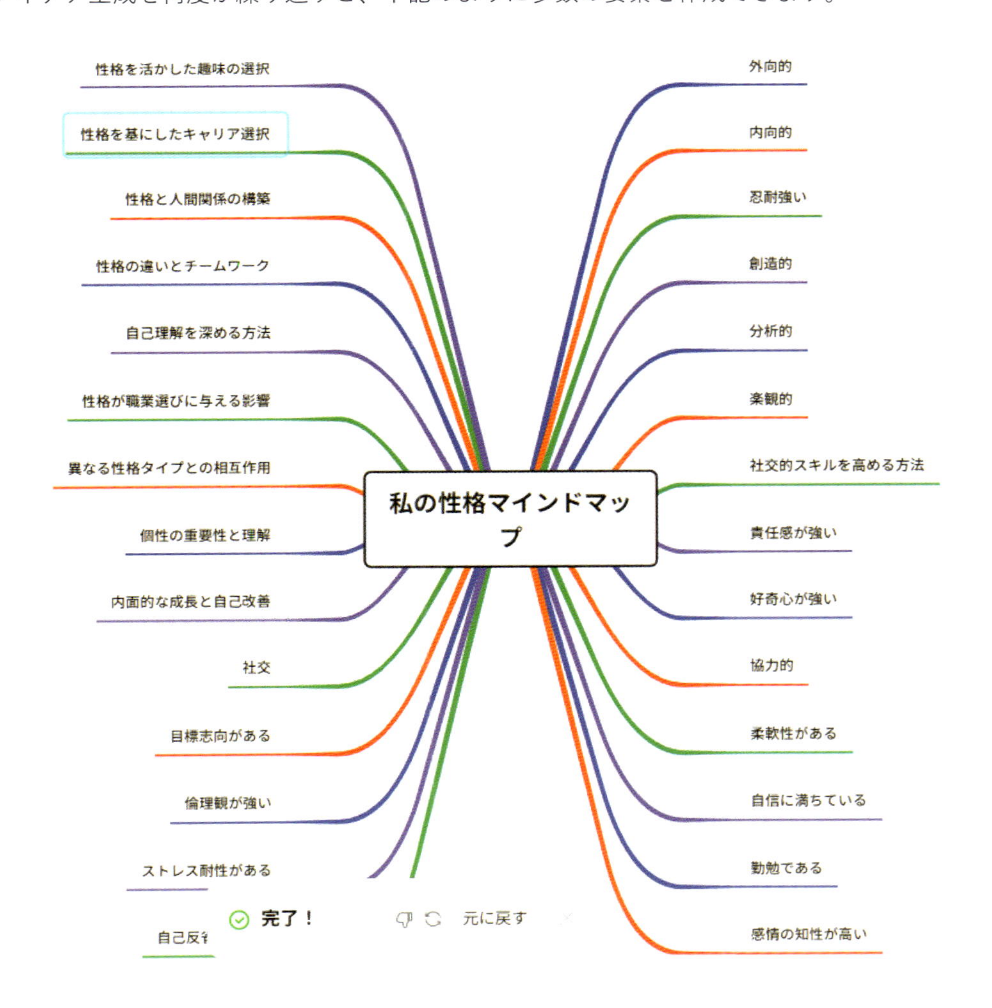

ここから自分にあった要素だけを残すため、しっくりこないキーワードを削除していきます。ノードを選び、Delete キーを押すだけで削除できます。あたかも、植木職人が不要な枝をカットするようですね。

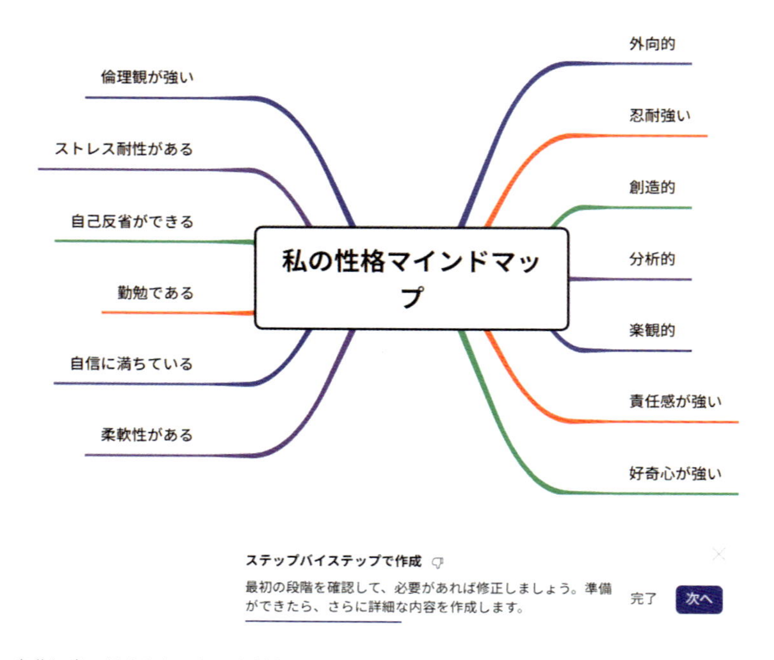

自分に当てはまらないものを削除した状態

もし新たなワードを思いついたら、自分で追加することもできます。ノードを選び、右クリックし、「並列トピックを追加❸」を選びましょう。単に Enter キーを押しても新たなノードを作成できます。

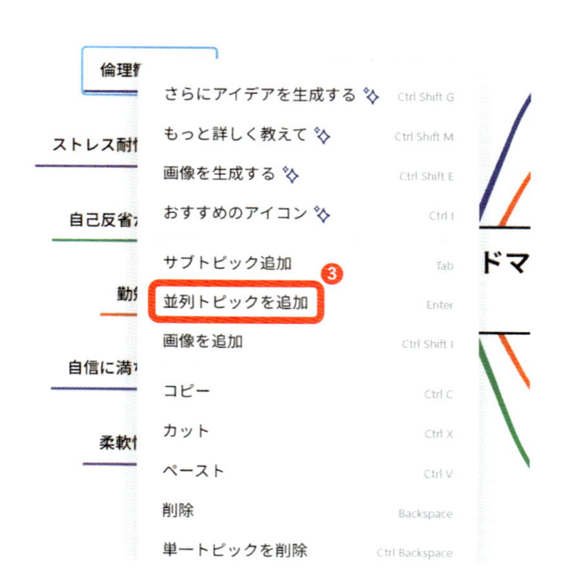

このように「アイデア生成→要素の取捨選択」を繰り返すことで、精度を高めていきます。人間だけで苦労して頭を捻るのでもなく、だからといって AI に丸投げでもなく、人間と AI が協業しながら思考を深めるというプロセスがまさに実現されているのです。

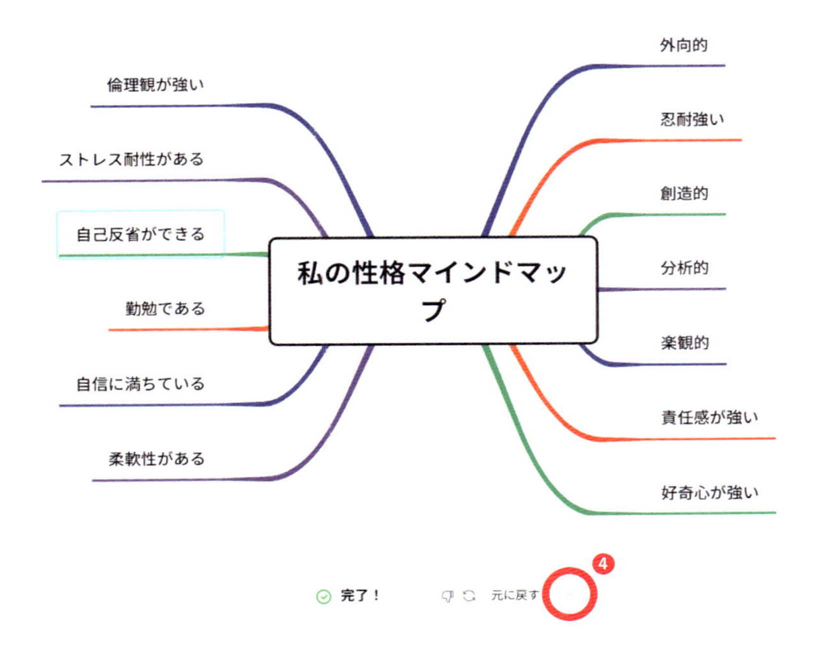

続いて、2 段階目のキーワードを作っていきましょう。なお、上の画面のように画面下に「完了！」「元に戻す」ボタンが表示されている場合は、「×❹」を押してこの表示を消しましょう。これはアイデア生成が完了したことを示すもので、マップ全体を作成する機能とは別の案内です。この表示を消すことで、また 2 段階目を誘導するボックスが表示されるので安心してください。

2 段階目を生成すると、1 つの要素あたり 3 つ程度の子ノードが生成されます。これらを確認しながら、先ほどと同様に取捨選択やアイデア出しを行いましょう。なお、特定のノードへのアイデア出しは、親ノードを選択して、右クリックし、「さらにアイデアを生成する」を選択して行えます。ショートカットキーで「Ctrl + Shift + G」も使えます。

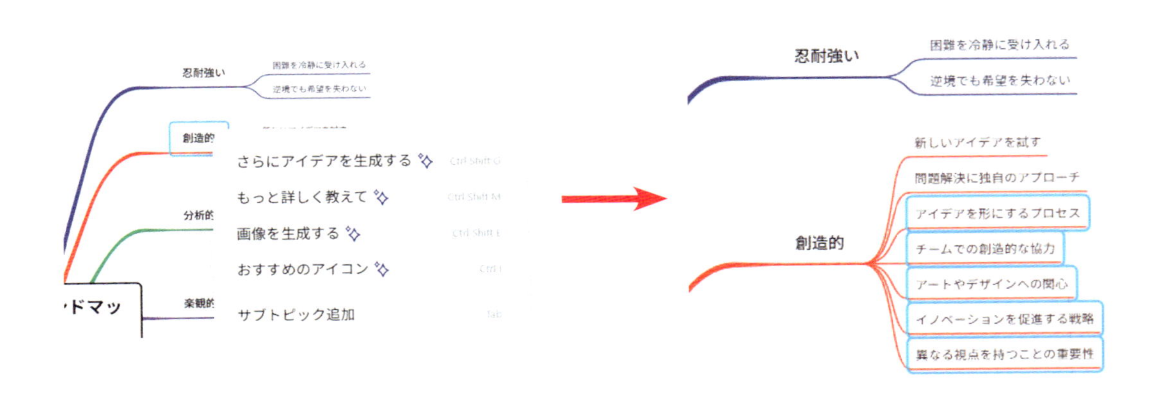

2 段階目まで整理すると、かなり自分自身の特性が整理されます。ちなみにここまでの作業にかかった時間はわずか 10 分程度です。AI にアイデアを出してもらい、人間は取捨選択するという役割分担が明確なので、非常にスムーズに進められます。また、ポイントとして「各ノードの均一化にこだわらなくてよい」ことも覚えておきましょう。重要な要素は深掘りし、そうでない要素はそのまま残しておけばよいのです。

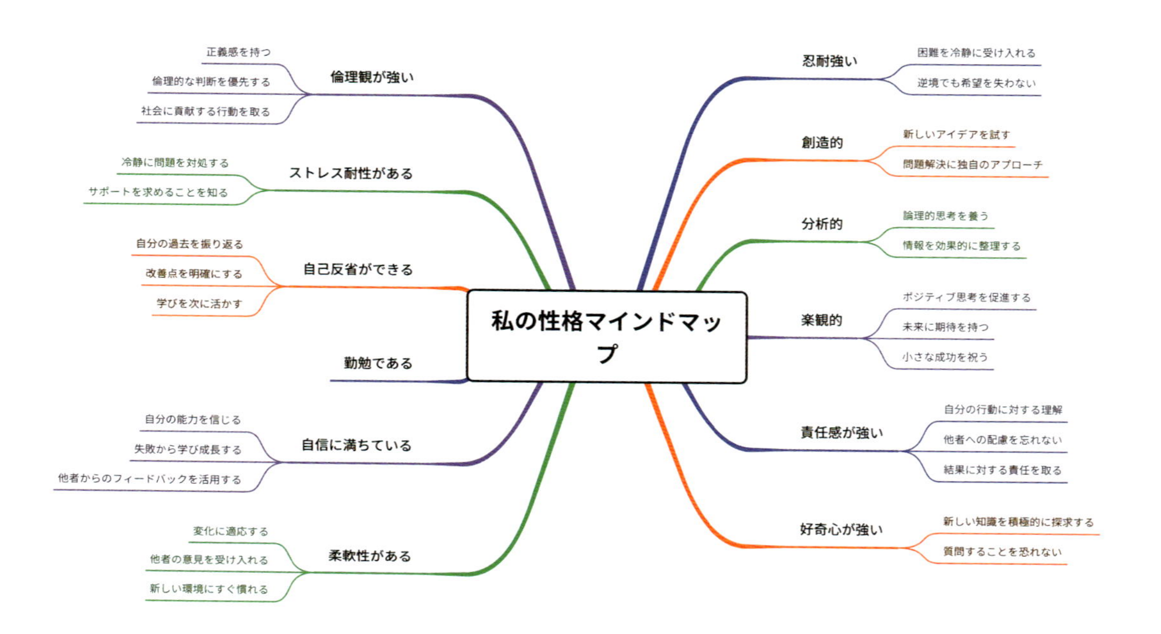

さらに各要素を深掘りしたい場合は、3 段階目を生成することもできます。一方、そこまで細かく整理する必要がない場合は、2 段階目で終えることももちろんできます。試しに 3 段階目をやってみましたが、さすがに細かすぎますね（右ページ参照）。「さらにアイデアを生成する」機能を使えば、特定の要素だけを選んで 3 段階以上に深掘りすることもできます。そのため均等に 3 段階目を生成することは避け、自分にとって特に重要な要素だけをさらに分析するのもよいでしょう。

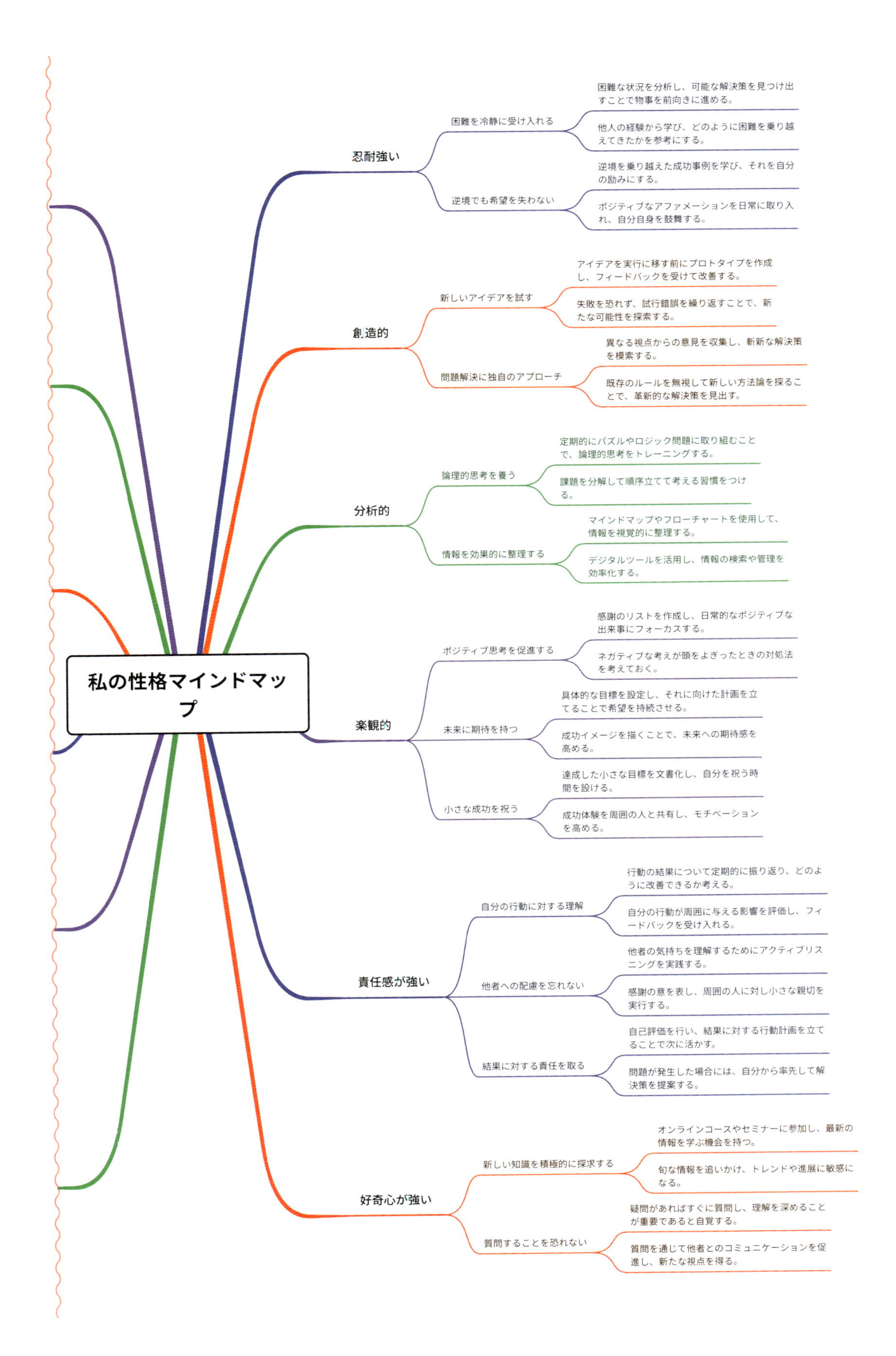
私の性格マインドマップ
忍耐強い
困難を冷静に受け入れる
困難な状況を分析し、可能な解決策を見つけ出すことで物事を前向きに進める。
他人の経験から学び、どのように困難を乗り越えてきたかを参考にする。
逆境でも希望を失わない
逆境を乗り越えた成功事例を学び、それを自分の励みにする。
ポジティブなアファメーションを日常に取り入れ、自分自身を鼓舞する。
創造的
新しいアイデアを試す
アイデアを実行に移す前にプロトタイプを作成し、フィードバックを受けて改善する。
失敗を恐れず、試行錯誤を繰り返すことで、新たな可能性を探索する。
問題解決に独自のアプローチ
異なる視点からの意見を収集し、斬新な解決策を模索する。
既存のルールを無視して新しい方法論を探ることで、革新的な解決策を見出す。
分析的
論理的思考を養う
定期的にパズルやロジック問題に取り組むことで、論理的思考をトレーニングする。
課題を分解して順序立てて考える習慣をつける。
情報を効果的に整理する
マインドマップやフローチャートを使用して、情報を視覚的に整理する。
デジタルツールを活用し、情報の検索や管理を効率化する。
楽観的
ポジティブ思考を促進する
感謝のリストを作成し、日常的なポジティブな出来事にフォーカスする。
ネガティブな考えが頭をよぎったときの対処法を考えておく。
未来に期待を持つ
具体的な目標を設定し、それに向けた計画を立てることで希望を持続させる。
成功イメージを描くことで、未来への期待感を高める。
小さな成功を祝う
達成した小さな目標を文書化し、自分を祝う時間を設ける。
成功体験を周囲の人と共有し、モチベーションを高める。
責任感が強い
自分の行動に対する理解
行動の結果について定期的に振り返り、どのように改善できるか考える。
自分の行動が周囲に与える影響を評価し、フィードバックを受け入れる。
他者への配慮を忘れない
他者の気持ちを理解するためにアクティブリスニングを実践する。
感謝の意を表し、周囲の人に対し小さな親切を実行する。
結果に対する責任を取る
自己評価を行い、結果に対する行動計画を立てることで次に活かす。
問題が発生した場合には、自分から率先して解決策を提案する。
好奇心が強い
新しい知識を積極的に探求する
オンラインコースやセミナーに参加し、最新の情報を学ぶ機会を持つ。
旬な情報を追いかけ、トレンドや進展に敏感になる。
質問することを恐れない
疑問があればすぐに質問し、理解を深めることが重要であると自覚する。
質問を通じて他者とのコミュニケーションを促進し、新たな視点を得る。

　このようなアプローチで AI をフル活用しながら、自分自身の性格や傾向を分析することができました。生成結果は PDF や画像としてダウンロードすることもできますし、Markdown ファイルでダウンロードしてメモ帳などのテキストエディタで活用することもできます。

```
# 私の性格マインドマップ
## 忍耐強い
### 困難を冷静に受け入れる
- 困難な状況を分析し、可能な解決策を見つけ出すことで物事を前向きに進める。
- 他人の経験から学び、どのように困難を乗り越えてきたかを参考にする。
### 逆境でも希望を失わない
- 逆境を乗り越えた成功事例を学び、それを自分の励みにする。
- ポジティブなアファメーションを日常に取り入れ、自分自身を鼓舞する。
## 創造的
### 新しいアイデアを試す
- アイデアを実行に移す前にプロトタイプを作成し、フィードバックを受けて改善する。
- 失敗を恐れず、試行錯誤を繰り返すことで、新たな可能性を探索する。
```

マークダウンファイルをメモ帳で開いた様子。他の AI ツールでも利用しやすい

活用のヒント

- **将来の目標設定**：数年先のビジョンやライフプランを Mapify で視覚化し、アクションプランを立てる。
- **社内での適性配置検討**：自分の強みや特徴を Mapify でまとめ、人事担当者やチームリーダーとの面談資料に活かす。
- **転職活動の自己 PR まとめ**：これまでの職務経歴やスキルを Mapify にまとめ、説得力のある自己 PR の材料にする。
- **自己評価シートの作成**：定期的な自己評価の項目を Mapify で整理し、上司との面談時にわかりやすく提示する。
- **新しい学びの方向づけ**：興味のある分野や学習したいスキルを Mapify に並べ、優先度や関連性を考えやすくする。

ユーザーの声

自己分析の効率化！

自己分析講座で、自分自身の分析に使用した。白紙に一から書くのは難しいが、生成された内容が合ってるかどうかだけを見ながら作成が進むので、取り組みやすい。（匿名）

Chapter 5

成果を“創出”する

資料化・共有・実行に繋げる

5-1 アンケート結果の分析

自由回答のアンケート結果を分析し、そこから得られた知見や情報をまとめ、資料としてクライアントや関係者に共有する機会は皆さんもあるのではないでしょうか。アンケートはセミナーのニーズを把握したり、新規事業の可能性を探ったり、既存サービスの満足度を確認したりと、あらゆる分野で活用できる便利な調査手法です。ただし、回答の件数が多いほど分析に時間がかかり、膨大なデータを整理する段階で「どこから手をつければいいのか迷う」という声をよく耳にします。

Mapify を使うと、**アンケート回答を素速く構造化して理解できるだけでなく、そのままアウトプット資料を作る**ことができます。

私がクライアント向けにセミナーや講演を行う際には、事前に質問事項・要望を自由回答でもらうことが多くあります。これらの内容を Mapify で整理し、「分析結果」として参加者に共有することがよくあります。10 ～ 20 分程度で整理できるため、その速度やクオリティに驚かれることも多くあります。

活用 アンケート結果分析での Mapify 活用

分析自体は第 3 章の「3-6 大量のアンケート回答を集約」（68 ページ）と同様の手順です。メニューの「長いテキスト」を開き、エクセルやテキスト形式でのアンケート一覧データを、すべて貼り付けます。

プロンプトで「MECE に整理して」と記載するのも有効です。MECE は「Mutually（お互いに）、Exclusive（重複せず）、Collectively（全体に）、Exhaustive（漏れがない）」の頭文字をとった言葉で「漏れなくダブりなく」という意味のフレームワークです。あえて指定しなくても近い形でまとめてくれますが、入力しておくことで、より網羅的に出力されやすくなります。

表現フォーマットについては、顧客に共有する前提の場合、「マインドマップ」よりも視認しやすい「グリッド」形式がおすすめです (右ページ参照)。やや縦長に展開されますが、PDF をパソコンやスマホで確認するぶんには問題ありません。なお、PDF ファイルにするには「共有」→「エクスポート」→「PDF」の手順でダウンロードできます。

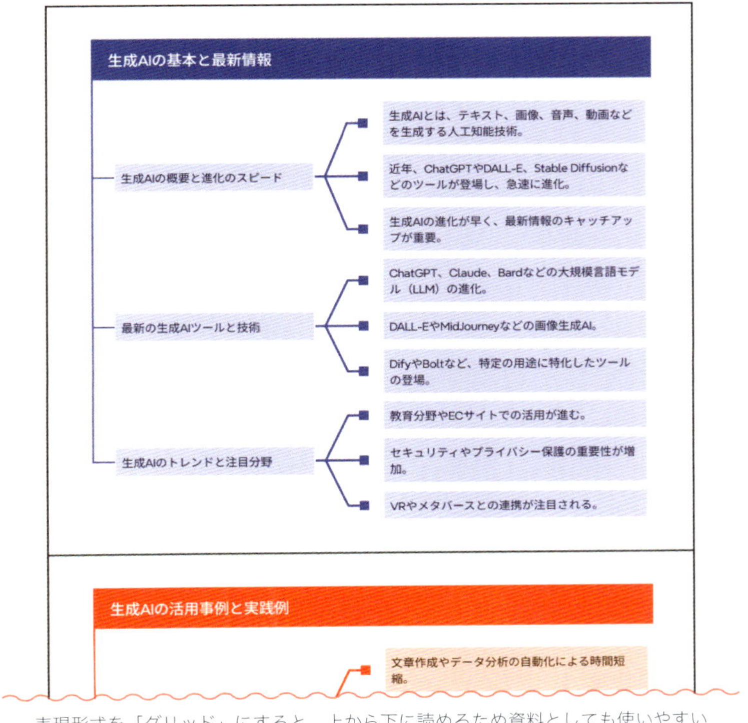

表現形式を「グリッド」にすると、上から下に読めるため資料としても使いやすい

もし印刷して配布する必要がある場合は、「共有」→「エクスポート」→「印刷❶」の手順で、適度なサイズに印刷できるよう分割してくれます。直接印刷してもよいですし、「印刷」から「PDF」に保存すれば、印刷イメージを確認しやすいPDFファイルが作成できます。

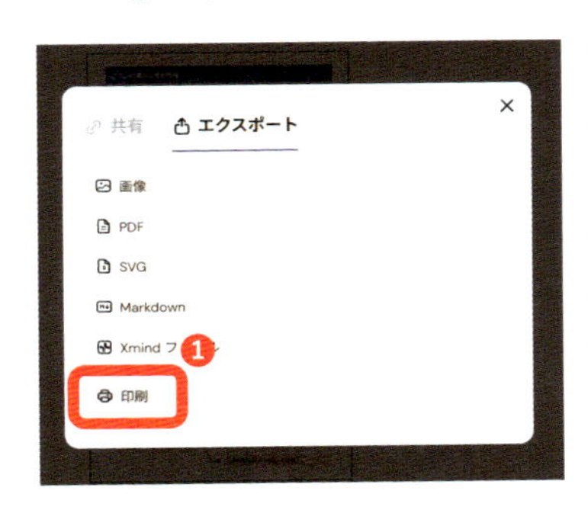

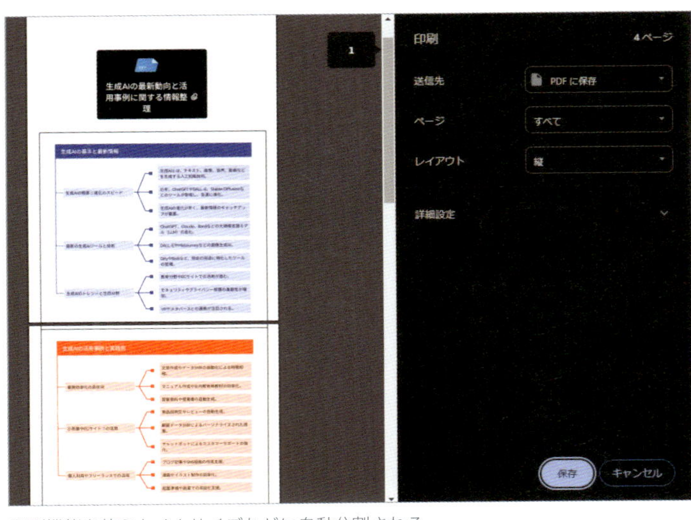

印刷機能を使うとA4サイズなどに自動分割される

さて、資料として配布する場合は、内容をチェックし、精度をアップするために、以下のような操作を行いましょう。

＊大きなノードごと消す。

＊小さいノードを消す。

＊ノードを閉じる（子ノードを非表示にする）。

＊ノードの順番を変更する。

＊ノードの内容を修正する。

3つ目の「子ノードを非表示にする」は、親ノードを選択した時に表示される「ー」アイコン❷をクリックすることで実行できます。なお、閉じた際には、非表示にしたノードの数が表示されます❸。この数値はPDFファイルでエクスポートした際にも表示されます。もし数値を出したくない場合は、子ノードを削除する必要があります。

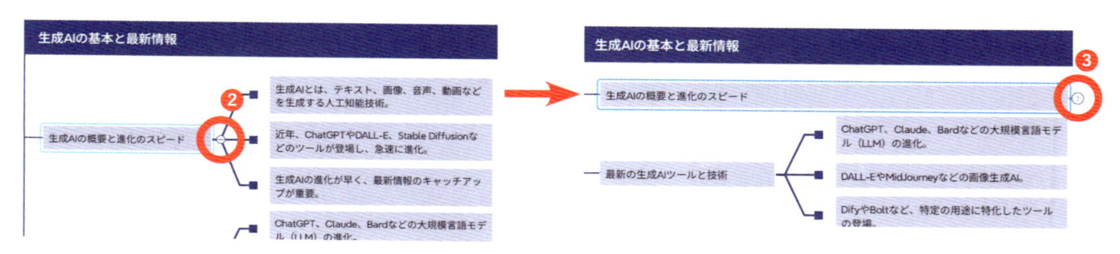

子ノードを非表示にする

活用のヒント

オンラインセミナーのフィードバック	参加者アンケートをマインドマップ化し、次回以降の改善点をすぐに把握する。
動画コンテンツへの反応分析	アンケートのコメントをマインドマップ化して、学びや改善ポイントを俯瞰する。
商品改善アイデアの洗い出し	複数の意見をMapifyにまとめ、最も多く指摘された機能から着手する。
ブランドイメージ調査	自由回答で記入されたイメージワードをMapifyで整理し、企業イメージを可視化。
イベント企画のヒント探し	アンケートの回答から参加者が望む企画内容を見出し、イベントを最適化する。

5-2 YouTube のサマリーマップ作成

皆さんは YouTube で公開されたセミナー動画やウェブ講義を視聴することは多いでしょうか。最近では情報収集や学習のために YouTube を活用する人が増えました。ただ、長い動画を最初から最後まで通しで視聴するには、なかなかまとまった時間を確保しづらいものです。

第 3 章では、学習系動画やニュース系動画で、自分自身の理解を促進するための Mapify 活用法を紹介しましたが、Mapify はそれだけでなく、他の人に動画コンテンツの内容を効率よく伝えるツールとしても有用です。なぜなら Mapify で作成した**そのページ上で動画内の該当箇所を再生する機能付きのマップ**を、そのまま共有できてしまうからです。

お気に入りの YouTube 動画をシェアする際にも便利ですし、もし自分が YouTube 動画を作っているとしたらそのマップを特典として利用することもできます。

活用 YouTube サマリーマップでの Mapify 活用

第 3 章で紹介した通り、左メニューの「YouTube」から URL を貼り付けるか、Chrome 拡張機能を使って YouTube 画面からマップを作成しましょう。

マップを作成したら、画面右上の「共有」→「共有リンクを有効にする❶」をオンにし、共有用の URL を作成しましょう。なお「複製を許可❷」をオンにすると、別の Mapify ユーザーが同じマップを複製して自分だけで利用できるようになります。

作成した共有リンクは、Mapify ユーザー以外でも閲覧可能です。このマップをシェアすることで、誰でも動画を見なくても中身の概要をつかむことができるわけです。

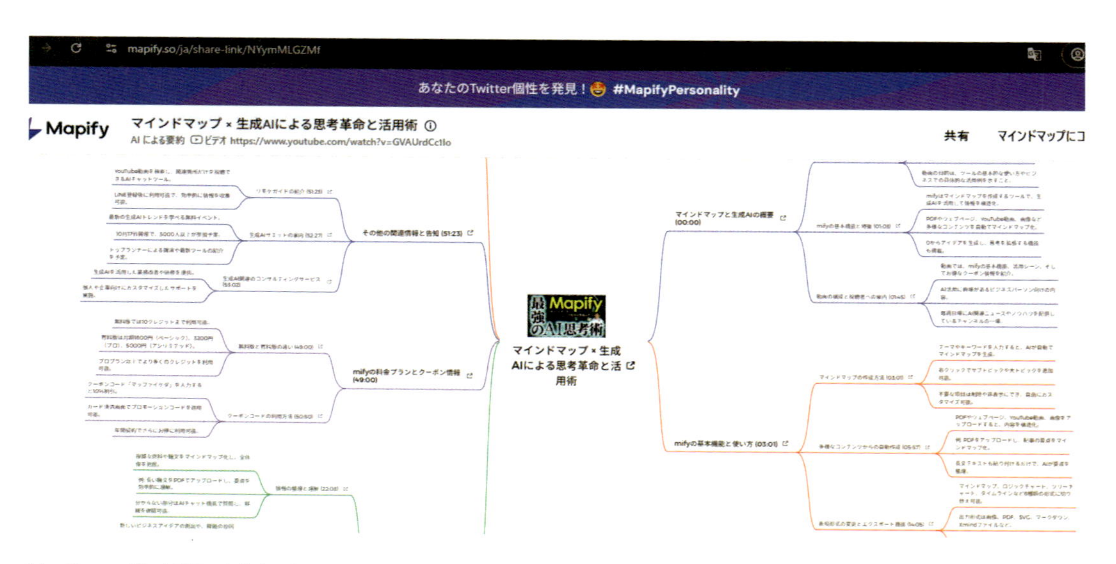

Mapify ユーザー以外にも共有可能

Mapify の目玉機能の 1 つでもある、該当箇所をその場で動画再生する機能は Mapify ユーザー以外も使うことができます。

自分の編集画面で形式を変更すれば、共有されたマップの形式も変更可能です。時系列の流れを重視したい場合は「タイムライン」、見やすさを重視したい場合は「グリッド」など、用途に応じてフォーマットも変更できます。どの形式を選んでも、その場での動画再生は有効です。

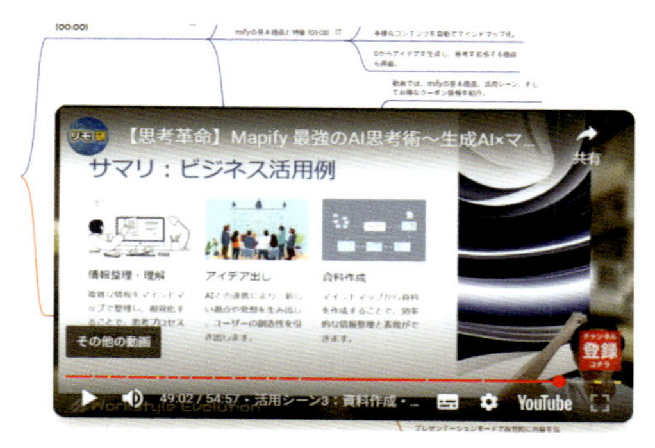

タイムスタンプを押すと、その場で動画を再生できる

活用のヒント

学習動画の共有	YouTube に公開されているノウハウ動画を Mapify でまとめ、チーム全員がいつでも見返せるようにする。
社内研修の目次	研修動画を YouTube アップロード→ Mapify で可視化し、新人や異動者に一括で案内する。
新しいアイデアのヒント	クリエイティブ関連の動画をマッピングし、すぐに再生してアイデアを深められる環境を作る。
セミナーの質疑応答まとめ	長い Q&A パートを Mapify で見やすくし、質問と回答内容を一目瞭然に整理する。
コンテンツリサイクルのアイデア整理	過去の動画を Mapify で振り返り、SNS 投稿や資料づくりなど、再利用のヒントを得る。

5-3 研修データからマニュアル作成

多くの企業や団体で、新人や新しい仕事を始める人たちに、何かしらの研修や説明を行うのが一般的です。その内容を動画データや音声データ、もしくはテキストデータなどで残しているケースも多いと思います。しかし、こうした研修データからマニュアルや資料を作成しようと思うと、録画データやメモを見返しながら、要点を書き出し、構成案を考える必要があります。その際、膨大な情報量を前に「どこから手をつければいいのか」「重要なポイントが見えづらい」などと感じることもあるのではないでしょうか。

そこで有効なのがMapifyを使った構造化です。マインドマップによる研修内容の「見える化」を行うと、「この研修では何が重要なのか」「どの流れで説明されているのか」がひと目でわかるようになります。全体像を把握できれば、**マニュアル作りで見落としがちな要素や、優先的に読むべきポイントが明確**になります。

実際に私の顧客でも、会社向けの教育ツールを作成するために、Mapifyを使って動画で残っていた研修データの全体像を整理し、そこから他の生成AIを併用しマニュアルや資料に落とし込んだケースがあります。

活用 研修データからマニュアル作成でのMapify活用

手元にある研修データを用意したら、データ形式により以下を利用します。

動画データの場合→ビデオファイル（2時間まで）

音声データの場合→オーディオファイル

テキストメモの場合→長いテキスト

PDFファイル→PDF

パワーポイント資料→パワーポイント

2時間以上の動画は制限オーバーですが、YouTubeにアップロードすれば対応可能です。例えば、次のページのマップは2時間以上のYouTube動画を「ツリーチャート」形式で整理したものです。この内容を基にし、要素の加筆修正を行うことで、マニュアルや資料の構成を練っていきます。

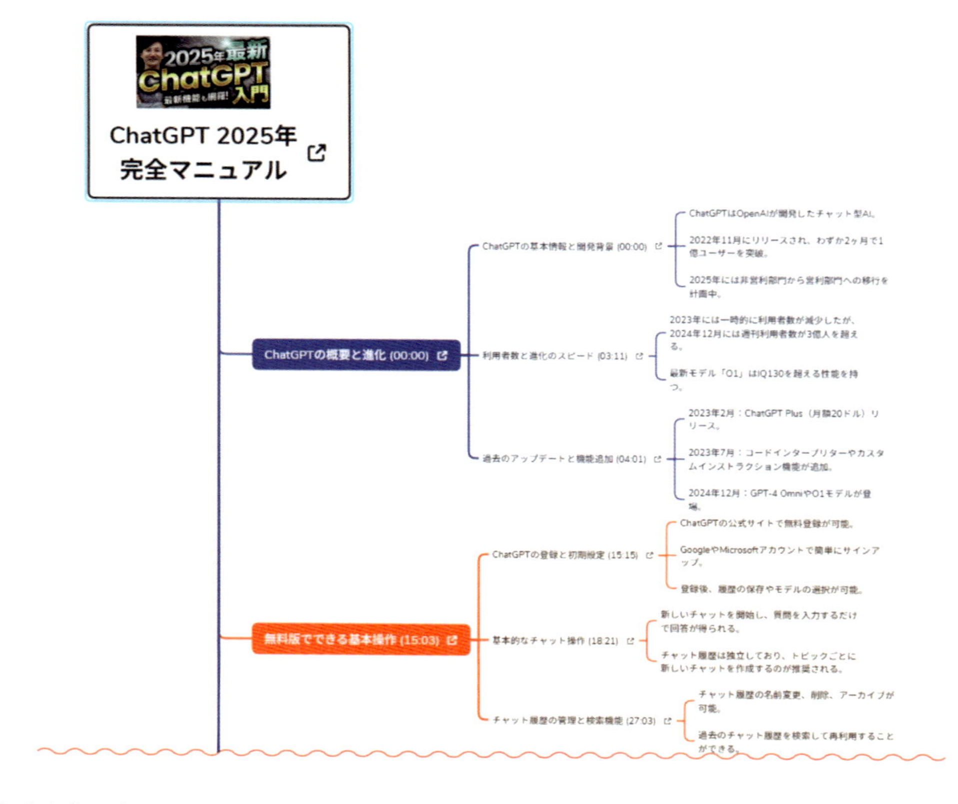

構成を作る際には、第 2 章でも紹介した機能「ノードの追加・編集・削除」「さらにアイデアを生成する」「もっと詳しく教えて（AI チャット）」をフル活用していきましょう。

Mapify で作成した全体像は、「共有」→「エクスポート」→「Markdown」の手順で、マークダウン形式のテキストデータとしてダウンロードできます。このテキストデータを他の生成 AI ツールと併用することで、効率的にマニュアルや資料を作成できます。例えば、文章として整理する場合は ChatGPT や Claude など、資料を作成したい場合は Gamma やイルシルなど、内容のファクトチェックをしたい場合は Perplexity などです。併用方法については第 6 章をご覧ください。

活用のヒント

新入社員研修の記録整理	オンボーディング研修の要点をマインドマップ化し、わかりやすいマニュアルを作成する。
社内ツール研修の機能整理	使用するソフトの画面操作をマップ化し、操作手順をすぐ確認できるようにする。
職場安全トレーニングのまとめ	現場での安全指導ポイントをマインドマップで見える化し、ヒヤリハット事例を整理する。
接客マナー講習の要点抽出	実演動画を基に発言や所作を整理し、接客業務のポイントをわかりやすくまとめる。
社内勉強会のナレッジ化	勉強会の議論を可視化し、実践ノウハウをドキュメント化する。

5-4 クライアント向けの施策マップ

クライアントに新規事業やマーケティング施策などを提案するとき、いかにアイデアを整理し、全体感を踏まえながら議論できるかどうかが、納得してもらうために重要です。皆さんも「言いたいことはあるのに、うまくクライアントに伝わらない」という経験をしたことはないでしょうか。エクセルやパワーポイントのスライド上でアイデアを並べても、全体像を見失ってしまうことがあります。何とかスマートにまとめる方法はないか、悩むことも多いですよね。

そんなときに活躍するのが、Mapifyです。様々なアイデアの可能性を分解して整理することで、**網羅性を確保しつつ、重要なポイントに絞ることも容易**です。また、その場で画面を見ながら、新しいアイデアを生み出すこともできます。

施策マップでのMapify活用

ゼロから施策マップを作る

施策マップを新たに作成する場合は「何でも質問」に、テーマや背景を入力して進めます。この際に意味のあるマップを作るためのコツは「背景情報をしっかりとプロンプトに入力すること」です。これはChatGPTなど他の生成AIでのプロンプト設計においても最重要です。

下のマップは、会社や事業の背景情報を入れず、単に「生成AI領域の事業で、ストックビジネス化するための打ち手・アイデアを網羅的に整理してください」と指示して作成したものです。アイデアとして参考になる点もありますが、内容はかなり抽象的です。

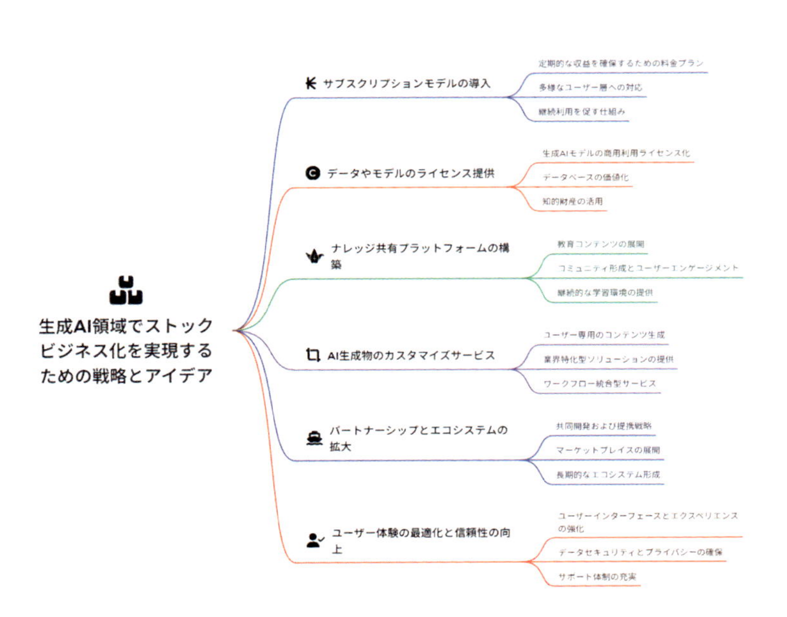

一方､以下は会社や事業の背景情報を含めたプロンプトです。多くの背景情報を与えたことで、自社のこれまでの事業や状況に合わせたアイデアが多く含まれています。実際のプロンプト例も記載しておきます。

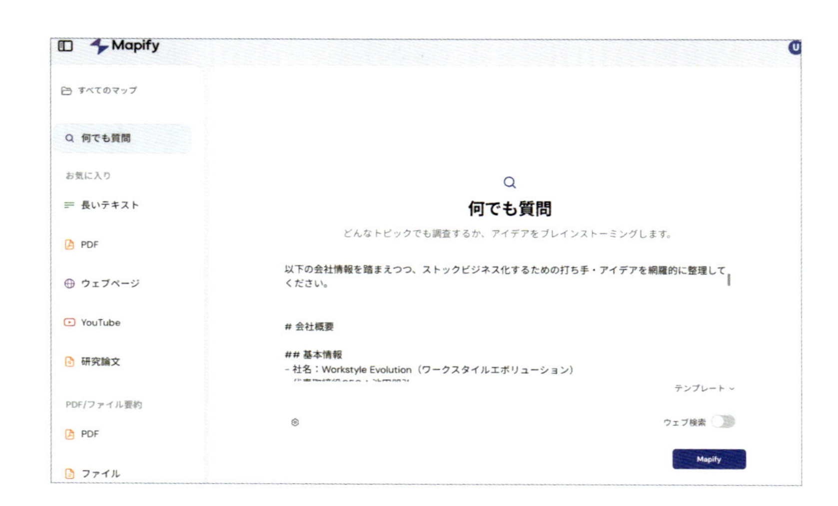

背景情報をしっかり記載したプロンプト例

—

以下の会社情報を踏まえつつ、ストックビジネス化するための打ち手・アイデアを網羅的に整理してください。

会社概要

基本情報
- 社名：Workstyle Evolution（ワークスタイルエボリューション）
- 代表取締役 CEO：池田朋弘
- ミッション：「働き方が進化する」

主要サービス
1. 生成 AI 講演
- 業界・企業に合わせたカスタマイズ可能
- 最新の生成 AI 事情を踏まえた実践的な内容

2. 生成 AI 研修
- 要望や状況に合わせたカスタマイズ可能
- 単発講義から通年ワークショップまで対応

3. 生成 AI アドバイザリー（サービス C）
- 貴社の生成 AI 活用検討を並走サポート
- 組織展開・ビジネス活用など幅広い相談対応
- プロンプト素案作成なども代行可能

4. 生成AIコンサル(GAI Craft for セールス/HR)（サービスD）
- 採用・人事領域に特化
- 生成 AI を用い過去データや知見を形式知化
- 現場で使える生成 AI ツールも作成

主な強み

1. 豊富な実績と知見
- YouTube や緒石
- 300 本以上の生成 AI の活用動画コンテンツを YouTube で発信

2. 実践的なアプローチ
- 具体的な業務での活用にフォーカス

3. 導入事例（一部）
- 名古屋鉄道：3 ヶ月で 500 時間の業務時間削減、担当業務 30% 効率化、研修(3 時間 × 4 回)を通じてデジタルリテラシー向上も実現
- アコム：社内専用 ChatGPT（AChatAI）の全社展開支援、研修満足度 90% 以上、部署横断アイデアソンで活用促進
- ビッグローブ：サテライト AI 導入後の活用支援、複数業務でのプロンプト設計・実装、業務プロセス改善を実現
- 日本経済新聞社：BtoB 営業チームの業務効率化、実務で

活用できるGPTs開発、新サービス開発での活用支援を実施
- FIXER: 生成AIイベント企画・登壇支援、プロンプトエンジニア採用強化、GaiXerサービス展開のサポート
- 日本能率協会マネジメントセンター： 3ヶ月で100件のユースケース創出、月52時間の業務削減、全社的な活用促進を実現
- メンバーズ： 生成AIタスクフォース立ち上げ支援、顧客向けサービス共同開発、全社的な事例・知見の体系化
- リンネット： ChatGPTチームプラン導入支援、4業務での実践的GPTs作成、グループ全体の生成AI活用促進

特徴的な支援アプローチ
- 高いコンサル力に基づく実践的支援
- 既存業務にフィットする独自ツール開発
- 低コストで専用ツール作成が可能
- 非エンジニア人材でも活用可能な設計
- 生成AIによる再現性の担保
—

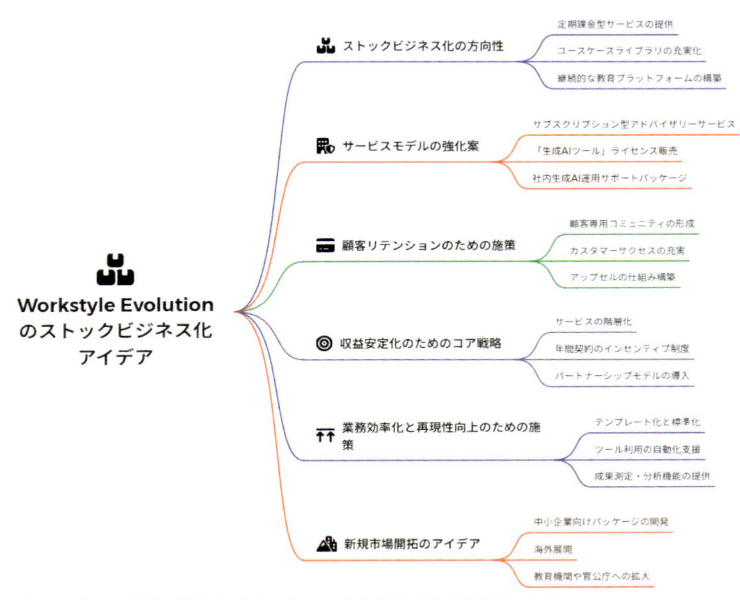

プロンプトに背景情報を含めることで、より具体的な施策案になる

このように施策マップを作ったら、重要なポイントがわかるようにアイコンや行頭文字などで強調すると、後から説明しやすいです。アイコンは、ノード上で右クリックし「おすすめのアイコン」を選択すると自動生成してくれます❶。

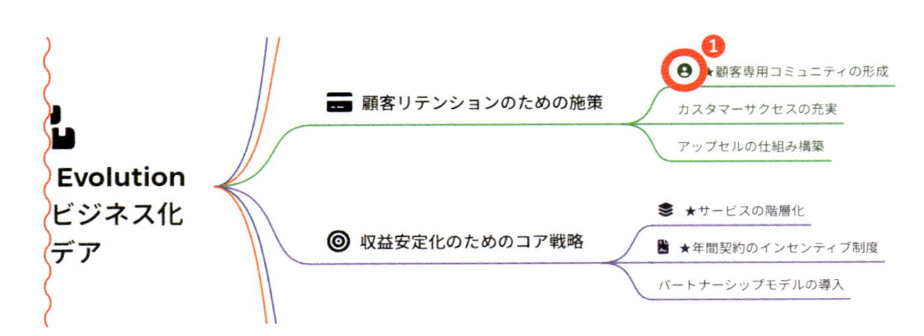

さて、会議ではMapifyの画面を共有しながら議論します。「さらにアイデアを生成する」機能でアイデアを出したり、その場で出た案を追加したりしながら、施策案をアップデートしていきます。会議後にはクライアントとの議論を経て、より精緻になった施策マップが完成します。

途中から施策マップを作る

施策マップは、ドキュメントやテキスト、資料などをベースにして作ることもできます。初期のアイデア出しでは、最新のAIを用いた方が優れた回答が出てくる可能性が高まります。例えば、ChatGPTはIQ130を超えた優れたAIモデルである「o1」を利用できますし、Geminiもこれに追いつくために「Gemini 2.0 Flash Thinking」をリリースしており、初期の思考能力の精度を日々高めています。

例えば、ChatGPTのo1に前ページのプロンプトと同様の依頼を行うと、下記のような網羅的なアイデアが生成されました。Mapifyの初期案と比べると、やはりo1の方がより現実味のあるアイデアを出してくれる印象です。

- 生成AIによる再現性の担保

8 秒の間、Thought about stock business strategies for AI services ⌄

以下では、Workstyle Evolution の現行サービスや強みを踏まえ、ストックビジネス（継続課金モデル）化するためのアイデアを網羅的に整理します。単発案件型のサービスに継続要素を加える施策や、定期的な支払いを生む新サービスを組み合わせることで、安定した収益基盤を構築することを狙います。

---

1. 会員制プログラムの導入

1-1. 会員制コミュニティ／定期サブスクリプション

- **内容例**
  - 最新の生成AI関連情報や業界動向の定期レポート配信
  - プロンプトテンプレートやワークシート、導入事例などのナレッジベース共有
  - 月次ウェビナーやQ&Aセッション、オンライン交流会
- **メリット**
  - 常時アップデートが必要となる最新トピックを生かせる
  - 企業の生成AI導入担当者同士が情報交換できる場としての価値提供が可能
  - サブスクモデルにより安定収益を確保

以下に、ChatGPT o1の生成したアイデアの全体像を記載します。

—

1. 会員制プログラムの導入

1-1. 会員制コミュニティ／定期サブスクリプション

1-2. VIP・プレミアムメンバーシップ

2. オンライン学習プラットフォーム化

2-1. 研修・講演コンテンツの動画化・標準化

2-2. LMS（Learning Management System）連携

3. 定期アドバイザリー契約・リテイナー型サービス

3-1. 生成AIアドバイザリーのサブスク化

3-2. 定期コンサルティングパッケージ

4. オリジナルツール／システムのサブスク提供

4-1. ChatGPT等を活用した専用ツールのホワイトラベル化

4-2. 生成AI管理コンソールの開発・提供

5. コミュニティ型エコシステムの構築

5-1. ユーザーコミュニティ（オンライン＋オフライン）

5-2. アライアンス・パートナーネットワーク

6. ナレッジやコンテンツのライセンスビジネス展開

6-1. 動画・教材の企業内ライセンス

6-2. 書籍・記事・ホワイトペーパーの定期発行

7. 社内AI推進担当者向け「認定資格・検定」の運営

7-1. 資格制度の構築

7-2. アップデート研修・リセンス

8. サービス間連携によるクロスセル戦略

8-1. 講演や研修→アドバイザリー契約への誘導

8-2. コンサル→カスタマイズツール導入への誘導

9. 実践・継続成果を重視した価格モデル

9-1. 成果報酬型×月額固定のハイブリッド

9-2. 定額制での追加プロンプト・ユースケース開発

—

ChatGPTで生成したアイデアがあれば、それをマップ化するのは簡単です。メニューから「長いテキスト」を選び、先ほどChatGPTのo1が作った施策を貼り付けると、その内容を維持した形でマップ化してくれます。

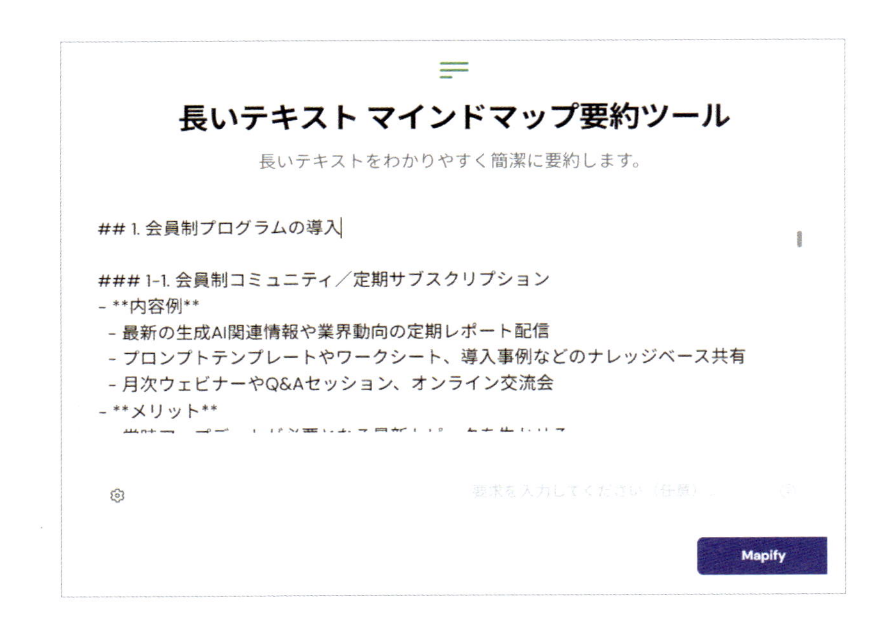

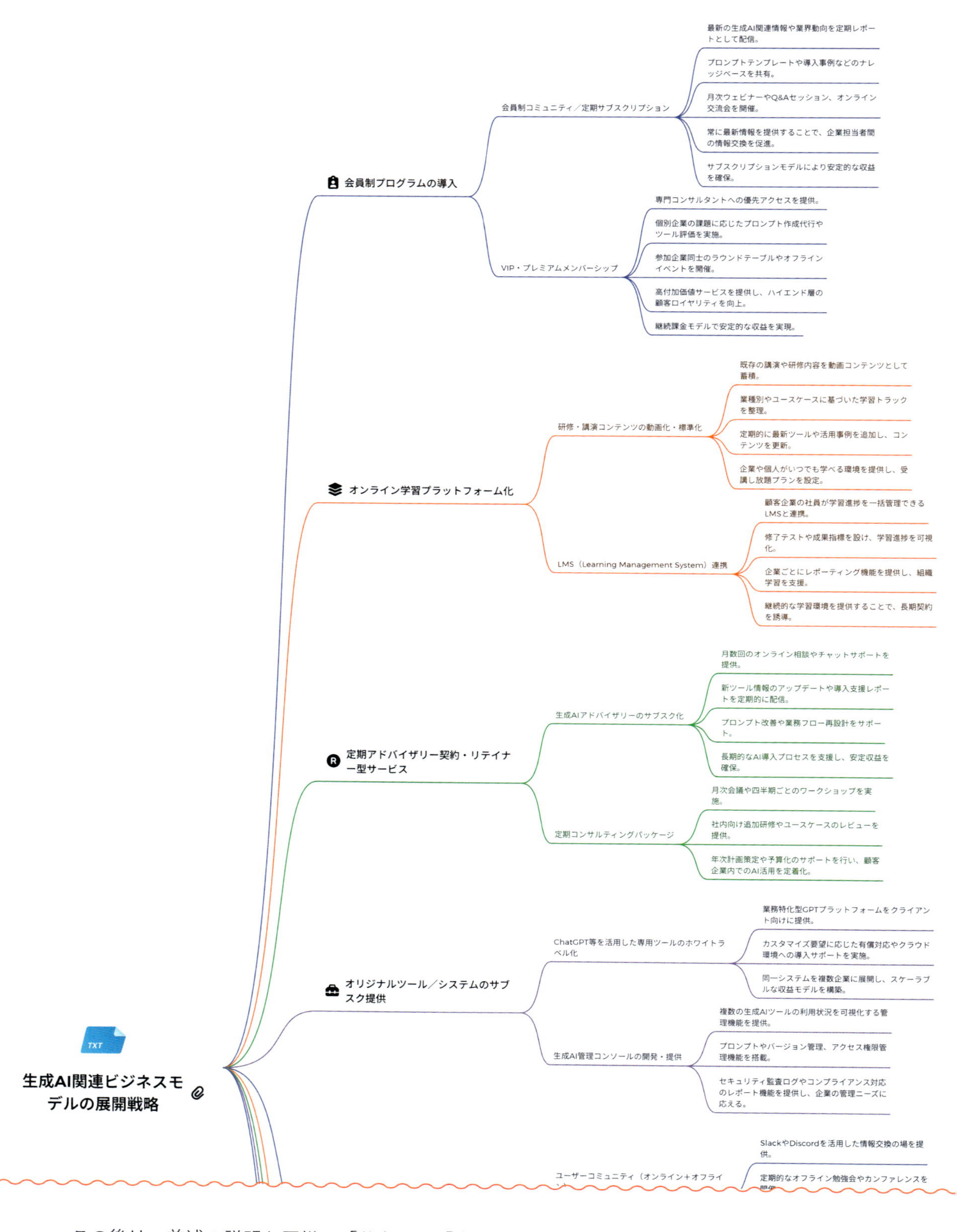

この後は、前述の説明と同様に「共有」→「会議での議論」と活用しましょう。

活用のヒント

新規事業の可能性検討	多角的な事業アイデアをロジックツリー化して、最も効果的なジャンルを絞り込む。
製品・サービスの改良点抽出	機能面や価格面の課題をロジックツリーで見える化し、優先度の高い改良項目を特定する。
営業プロセスの改善	見込み顧客のフェーズごとに課題と対策を分解し、営業チーム全体で共有できるようにする。
リスクマネジメント体制の可視化	潜在リスクをピラミッド型に整理し、優先度に応じた対策をマッピングする。
経営企画室の中長期ビジョン策定	経営ビジョンから具体的なアクションプランまでを分解し、全社目標を共有しやすくする。

ユーザーの声

技術ポートフォリオ作成の効率化！

支援先の注力領域の選定をする際に以下の 5 つのステップで活用しています。

① ChatGPT などを用いて、ある技術領域を技術要素ごとに分解するように指示（Mapify に直接入力しても生成されるが、技術要素を条件に沿ってカスタマイズする際には ChatGPT などを介して出力した方が意図に沿ったものになるという認識）。
②出力された要素技術群を Mapify に入力。
③ Mapify の出力結果をロジックチャート形式にする。
④各技術要素の中で、競合優位の箇所、あるいは自社が注力すべきところなどにアイコンを付与したり画像生成したりすることでポイントを明確化。
⑤支援先との打ち合わせで必要な技術要素の深掘りを「さらなるアイデアを生成する」などで行う。

従来は自社や専門家の知見に基づき技術ポートフォリオを作成していたが、より客観的に技術要素を洗い出し、可視化することができる。これまでは、技術ポートフォリオ（技術ツリー）を PPT やエクセルなどで手作業で作成していたが、その作業が圧倒的に効率化できるとともに、一定品質でビジュアル化が可能。
(Rock Book コンサルティング代表／中小企業診断士　岩本進)

5-5 セミナーや講座の特典に

オンラインセミナーや講座を終えた後、「学んだ内容をもう少しスマートに振り返りたい」と思うことはありませんか。短期間で多くの知識を得るためにセミナーや講座を受けても、それらを振り返ったり活用したりするには意外と手間がかかるものです。特に書籍の内容を追加で学ぶ場合、情報量が多すぎてポイントを見失うこともあるでしょう。

このように、ウェビナーや講座、書籍の内容を整理した上で、さらに「では次に何をすべきか」という具体的なアクションに落とし込む作業は大変です。そこで便利なのが Mapify です。内容を整理した上で、プロンプトに「アクション（明日からやるべきこと）もまとめて」と依頼すれば、**重要なポイントをまとめつつ、今後の行動プランまでスムーズに立てる**ことができます。

また、主催者側がこの方法で資料としてまとめれば、セミナー後の特典として配布することもできます。もちろん参加者が自分用にまとめることもできます。

セミナー・講座の特典での Mapify 活用

まずは手元にある講演・セミナーデータを用意しましょう。データ形式により以下を利用します。

動画データの場合→ビデオファイル（2 時間以上は、YouTube にアップロードして対応可能）
音声データの場合→オーディオファイル
テキストメモの場合→長いテキスト
PDF ファイル→ PDF
パワーポイント資料→パワーポイント

ここからがポイントです。Mapify は、要求プロンプトを入力しなくても勝手に情報整理をしてくれるので、あまり入力する機会は多くないのですが、今回はこの要望プロンプトを活用します。以下では、YouTube の 2 時間の内容について「章ごとにまとめた上で、『アクション（明日からすべきこと）』も各章に追加してください」と入力しています❶。

この結果、以下のように元データの要点を整理してくれるだけでなく、そこからの「アクション（明日からすべきこと）❷」も同時に提案してくれます。

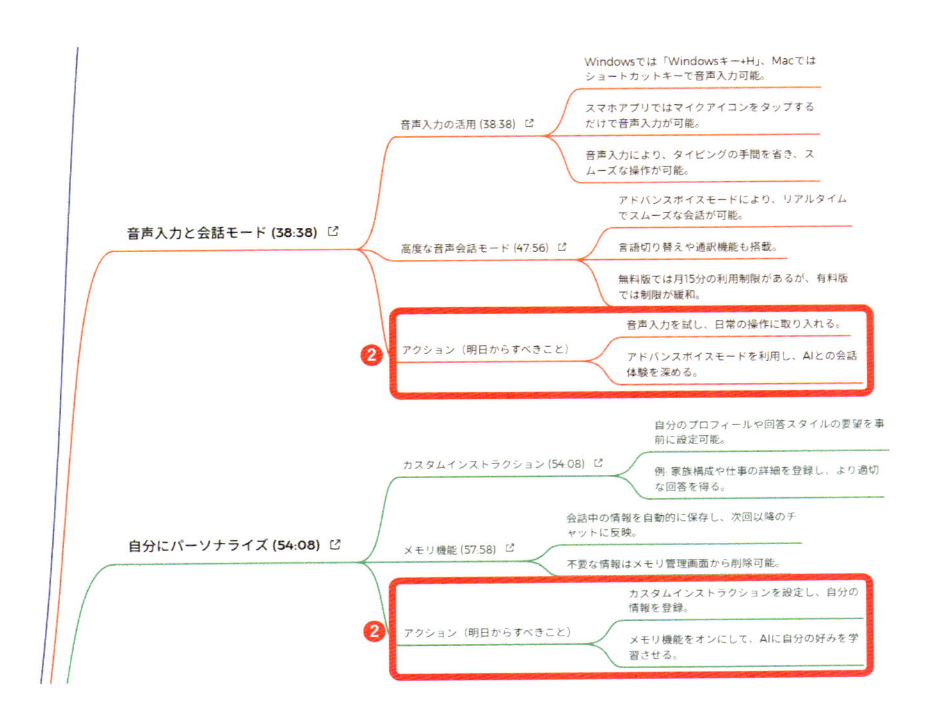

「さらにアイデアを生成する」を使うことで、各アクションをもっと具体的にすることもできます❸。また「もっと詳しく教えて」で、アクションへの理解を深めることもできます。

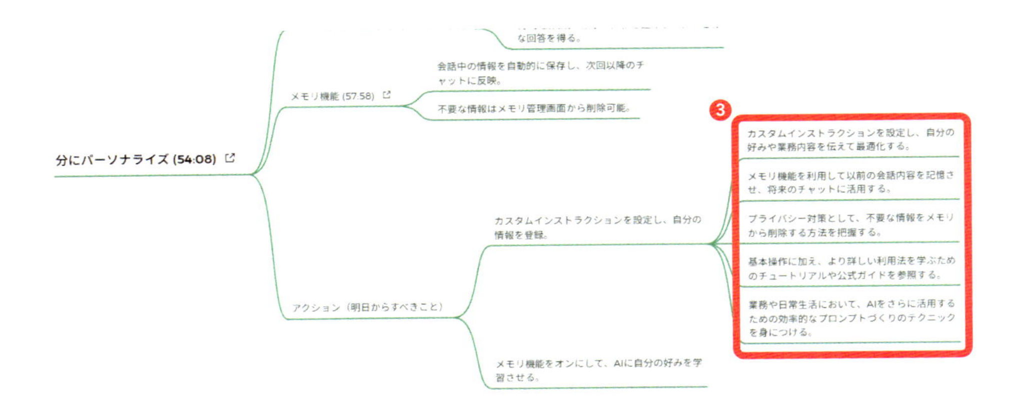

前ページの例では、一般的な「アクション（明日からすべきこと）」を尋ねましたが、実はもっと具体的にすることもできます。同じ動画に対して、要求プロンプトを「章ごとにまとめた上で、『BtoB 営業の現場でどう活用できそうか』も各章に追加してください」としてみます。すると、同じ動画データでも、まったく異なる視点からのアイデアを追加することができます❹。

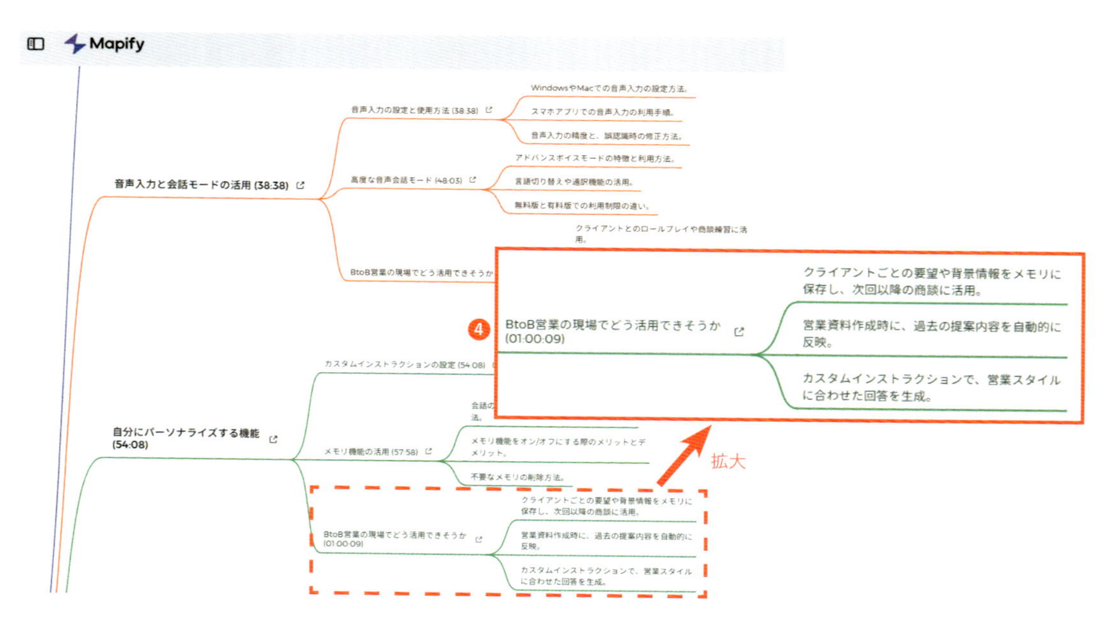

このように、要求プロンプトを使うことで、単に情報をまとめだけでなく、ニーズに合わせた考察やカスタマイズを踏まえたマップを作ることもできます。

活用のヒント

書籍の特典マップ	長めの本を要約したマインドマップを読者に提供し、理解と行動をサポートする。
企業研修の資料配布	研修で使用するテキストを事前にマップ化し、受講者の理解を深める補助ツールとする。
コーチング後のまとめ資料	会話内容を整理しつつ、受講生に合わせた宿題・価値を追加したマップをプレゼント。
イベントの講演まとめ	地域イベントや小規模の勉強会での講演内容を記録し、共有する。
オンラインスクールのサブテキスト	スクール生に提供する補足教材として、Mapify のマップを併用する。

ユーザーの声

講座の振り返りシートとして特典化！

動画講座の特典の１つとして、その内容の振り返りをサポートするマップを活用しています。最初は動画に専念してほしいので、視聴後に振り返りシートとして感想を投稿してくれた人へプレゼントしています。特典を簡単に１つ増やせるだけでなく、お客さんの学習サポートにもなり喜ばれています。（匿名）

Chapter 6

他の AI ツールとの併用

6-1 ChatGPT との併用

ChatGPT（および類似する Gemini や Claude などのチャット系生成 AI ツール）と Mapify を併用することで、情報の整理やアイデアの発想をさらに効率化できます。**それぞれの強みや特長をうまく活かすことで、より高度な思考や迅速な整理が可能**になります。

ここでは、ChatGPT から Mapify へデータを連携するパターンと、Mapify から ChatGPT へデータを連携するパターンの 2 種類の併用法のポイントと事例を紹介します。これらを参考に、実際に手を動かして試しながら、自分の目的に適した連携スタイルを確立していくとよいでしょう。

 パターン 1：ChatGPT から Mapify へ

ChatGPT で作成した文章やアイデアを、Mapify で可視化します。いきなり Mapify で可視化せず、ChatGPT で前段処理を行うメリットは大きく 3 つあります。

①最新の賢い AI モデルの利用　ChatGPT では、GPT-4o などの無料版でも使える AI に加え、IQ130 以上を実現した o1 などのさらに賢いモデルを利用することで、より論理的で深い整理ができます。
②会話でのやり取り　ChatGPT は会話形式でやり取りするため、直線的な議論が得意な人は Mapify よりもスムーズに思考できます。
③様々な機能　コードインタープリターでの分析、GPTs を用いた生成など、Mapify では行いづらい専門的な処理が可能です。

また、ChatGPT から Mapify にうまくデータ連携するコツが 2 つあります。

①マークダウン形式での整理　最終的に連携するアウトプットは、平文テキストではなく、マークダウン形式（見出しなどで構造化する形）で整理しておくことで、Mapify の構造に変換しやすくなります。
②コピー機能の利用　ChatGPT のコピー機能を使うことで、「#」を使ったマークダウン形式を維持してテキストデータを取得できます。

マークダウンとは、「#」を使って階層構造を明確にする書き方・記法です。様々なルールがありますが、最も重要なのは「#」による構造化です。例えば、次ページにある画像はマークダウン記法でのテキストデータの例です。

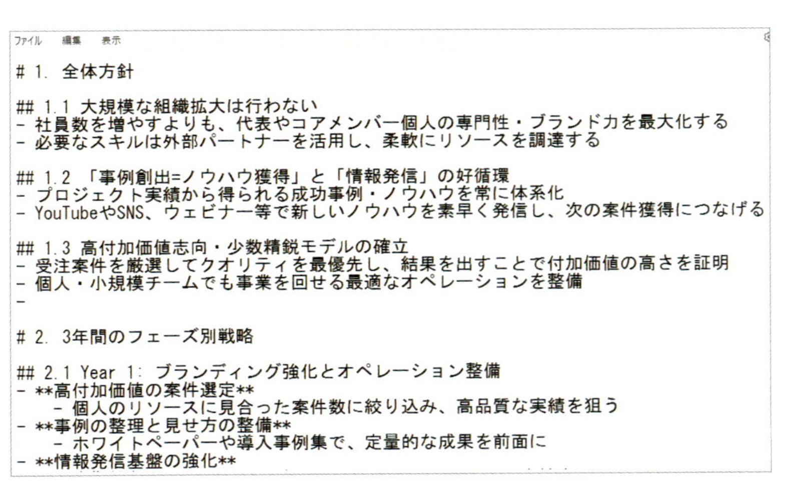

```
ファイル　編集　表示
# 1. 全体方針

## 1.1 大規模な組織拡大は行わない
- 社員数を増やすよりも、代表やコアメンバー個人の専門性・ブランド力を最大化する
- 必要なスキルは外部パートナーを活用し、柔軟にリソースを調達する

## 1.2 「事例創出=ノウハウ獲得」と「情報発信」の好循環
- プロジェクト実績から得られる成功事例・ノウハウを常に体系化
- YouTubeやSNS、ウェビナー等で新しいノウハウを素早く発信し、次の案件獲得につなげる

## 1.3 高付加価値志向・少数精鋭モデルの確立
- 受注案件を厳選してクオリティを最優先し、結果を出すことで付加価値の高さを証明
- 個人・小規模チームでも事業を回せる最適なオペレーションを整備
-

# 2. 3年間のフェーズ別戦略

## 2.1 Year 1: ブランディング強化とオペレーション整備
- **高付加価値の案件選定**
    - 個人のリソースに見合った案件数に絞り込み、高品質な実績を狙う
- **事例の整理と見せ方の整備**
    - ホワイトペーパーや導入事例集で、定量的な成果を前面に
- **情報発信基盤の強化**
```

マークダウン形式によるテキストデータの例

例：ChatGPT で戦略案を策定し、Mapify で可視化

会社の成長戦略を尋ねるプロンプトを入力すると、右のように戦略の素案を作成してくれます。

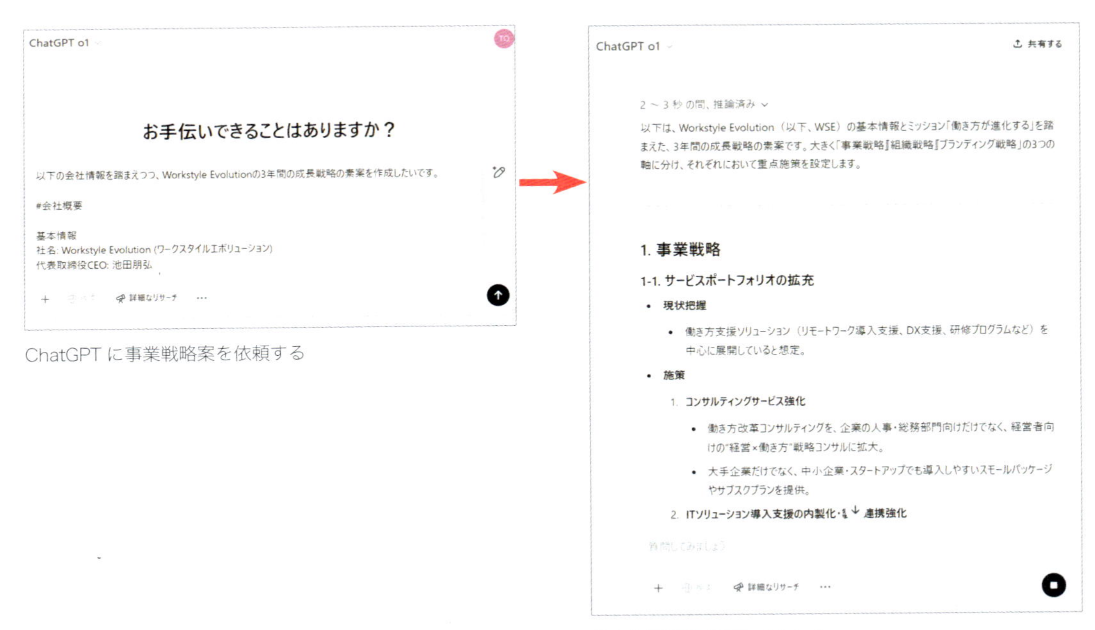

ChatGPT に事業戦略案を依頼する

様々な戦略案を出してくれる

なお、これは本書の主題ではありませんが、ここで使用した o1 は非常に賢く、GPT-4o と比べても圧倒的に精度が高い戦略を出してくれる印象があります。次のページに載せたのは、同じプロンプト（戦略依頼）で o1 と GPT-4o の回答結果を作り、AI を使って比較した結果ですが、やはり o1 の回答結果の方が評価が高いです。

モデル結果

総合評価

回答1の方が優れています。その理由として、年度ごとの段階的な成長戦略がより具体的で実行可能性が高く、既存の強みを活かした施策が詳細に記載されています。また、各施策の実行を支える機能強化についても網羅的に言及されており、より実践的な戦略となっています。回答2も数値目標やグローバル展開の具体性という点では優れていますが、全体的な実行計画の詳細さでは回答1に及びません。

1. OpenAI o1

☆ 評価スコア: 9/10

〇：体系的で詳細な3年間の成長ステージを提示
〇：各年度の具体的な施策と期待される成果を明確に説明
〇：現状の強みを活かした実行可能な戦略を提案
〇：実行施策を支える機能強化まで網羅的に言及
×：一部数値目標が具体的でない箇所がある
×：リスク分析や対策についての言及が少ない

回答内容

2. OpenAI GPT-4o

☆ 評価スコア: 8/10

〇：明確なKPIと数値目標を設定
〇：グローバル展開の具体的なアプローチを提示
〇：デジタルコンテンツ戦略が詳細
×：実行スケジュールの詳細が不足
×：既存事例の活用方法についての言及が少ない
×：各施策の優先順位付けが不明確

回答内容

生成内容を見ながら気になる点を質問したり、追加で要望を出したりしてまとめていきます。

そのやり取りを経て内容が固まってきたら、Mapifyに連携するため、ここまでの議論をまとめてもらいます。Mapifyで可視化しやすいように、「**ここまでの議論を、マークダウン形式で、3階層まで箇条書きを使い、できるだけ具体的にまとめてください**」と依頼します。ポイントは「マークダウン形式」と「3階層まで」という指定です。これにより、後からマインドマップに整理しやすくなります。

出力された結果は、回答の左下にあるアイコンからコピー機能を使ってください。右のように「#」を使って階層構造が表現されたテキストデータを取得できます。ちなみに、ChatGPTの回答をそのままコピーしたら、マークダウン形式ではなく階層構造がないテキストデータになってしまいます。Mapifyできれいに可視化するには、マークダウン形式にしましょう。

まとめ

Workstyle Evolutionが掲げる「働き方が進化する」というミッションをコアに、以下を柱とした3年間の成長戦略を推進します。

1. **事業戦略**: コンサル・ITソリューション・研修など既存領域を拡大しつつ、新規事業（サテライトオフィス運営支援、データ分析など）に参入。
2. **組織戦略**: 社内DXのモデルケース化とタレントマネジメントを軸に、人材を強化・育成し、社内からイノベーションを生み出す体制づくり。
3. **ブランディング戦略**: カスタマーストーリーや共同開発で認知度と信頼度を高め、国内外での知名度向上を図る。

これらの戦略を順次実行することで、短期的には既存事業を拡大しつつ、中長期的には海外事業や新規ソリューション開発を通じて持続的な成長を実現する見込みです。

「コピー」アイコンからマークダウン形式のテキストを取得できる

```
## 1. 事業戦略
- **サービスポートフォリオの拡充**
  - コンサルティングサービス強化
    - 経営者向けコンサルティングに拡大
    - 中小企業・スタートアップ向けのサブスクプラン導入
  - ITソリューション導入支援の内製化・製品連携強化
    - クラウドサービスとのワンストップ連携
    - 自社SaaSツール（勤怠管理、コミュニケーションツールなど）の開発
  - 教育・研修プログラムの定着
    - リモートマネジメント研修などの体系化
    - ハイブリッド型研修プログラムのカスタマイズ提供
- **新規事業領域の開拓**
  - サテライトオフィス運営支援
    - 地方創生やワーケーションとの連携をビジネスモデル化
  - データ分析・組織エンゲージメント向上ツールの提供
    - 従業員エンゲージメント可視化や評価システムの開発
  - 海外展開への準備
    - アジア地域を中心に「日本式働き方改革モデル」のコンサルを検証

---

## 2. 組織戦略
- **社内DX推進とタレントマネジメント**
  - 社内DXのモデルケース化
    - 社内業務ツールの統合と最新働き方の実践
    - 成功事例を外部へのケーススタディとして活用
  - タレントマネジメント・キャリア支援
    - OKRなど目標管理制度の導入
    - プロジェクトベースのフラット組織でイノベーション促進
- **採用と育成**
```

マークダウンのデータを Mapify の「長いテキスト」に貼り付けします。ちなみにそのまま Mapify を使うと、大枠は文章通りなのですが、細かい表現が変わってしまいます。要求プロンプトに「**原文を一切変えず、原文そのままの文章でマップ化してください**」と入力すると、原文を変えずに出力されやすくなります（細かい部分は変わってしまうことがあります）。

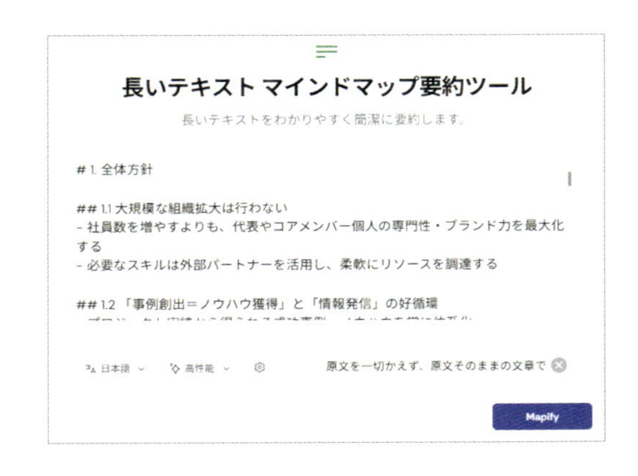

表現形式を「グリッド」にすると、文章だけの整理に比べて、圧倒的に見やすい資料を作成できます。自分が見やすい形式に変えることもできますし、ここから加筆修正することも可能です。

全体方針

1.1 大規模な組織拡大は行わない
- 社員数を増やすよりも、代表やコアメンバー個人の専門性・ブランド力を最大化する
- 必要なスキルは外部パートナーを活用し、柔軟にリソースを調達する

1.2 「事例創出＝ノウハウ獲得」と「情報発信」の好循環
- プロジェクト実績から得られる成功事例・ノウハウを常に体系化
- YouTubeやSNS、ウェビナー等で新しいノウハウを素早く発信し、次の案件獲得につなげる

1.3 高付加価値志向・少数精鋭モデルの確立
- 受注案件を厳選してクオリティを最優先し、結果を出すことで付加価値の高さを証明
- 個人・小規模チームでも事業を回せる最適なオペレーションを整備

3年間のフェーズ別戦略

2.1 Year 1: ブランディング強化とオペレーション整備
- 高付加価値の案件選定
  - 個人のリソースに見合った案件数に絞り込み、高品質な実績を狙う
- 事例の整理と見せ方の整備
  - ホワイトペーパーや導入事例集で、定量的な成果を前面に
- 情報発信基盤の強化
  - 定期的なセミナー・SNS発信でフォロワーコミュニティを拡大
- オペレーション・パートナー連携の最適化
  - ツール・外部人材の活用で代表やコアメンバーの時間を確保

2.2 Year 2: 事例創出の加速と専門家ポジショニング確立
- 特定業界・領域で強力な実績獲得
  - 人事やセールス領域などでさらに成功事例を積み上げ、「〜領域のAI活用＝WE」と認知させる
- ノウハウの高度化・個人価値アップ
  - 最新技術（画像生成AI、RPA等）との連携事例を積極開拓し、先進性を訴求
- 大型カンファレンスや出版などで登壇・露出を

なお、ChatGPT での最終出力は「3 階層まで」と指定しましたが、議論が複雑な場合は「4 階層まで」と指定することも可能です。Mapify でも、4 階層までのノードを持つマップに整理可能です。ただし、以下のようにかなり細かいマップになってしまうので、用途に応じて「どのぐらいの粒度が妥当か」を考えましょう。

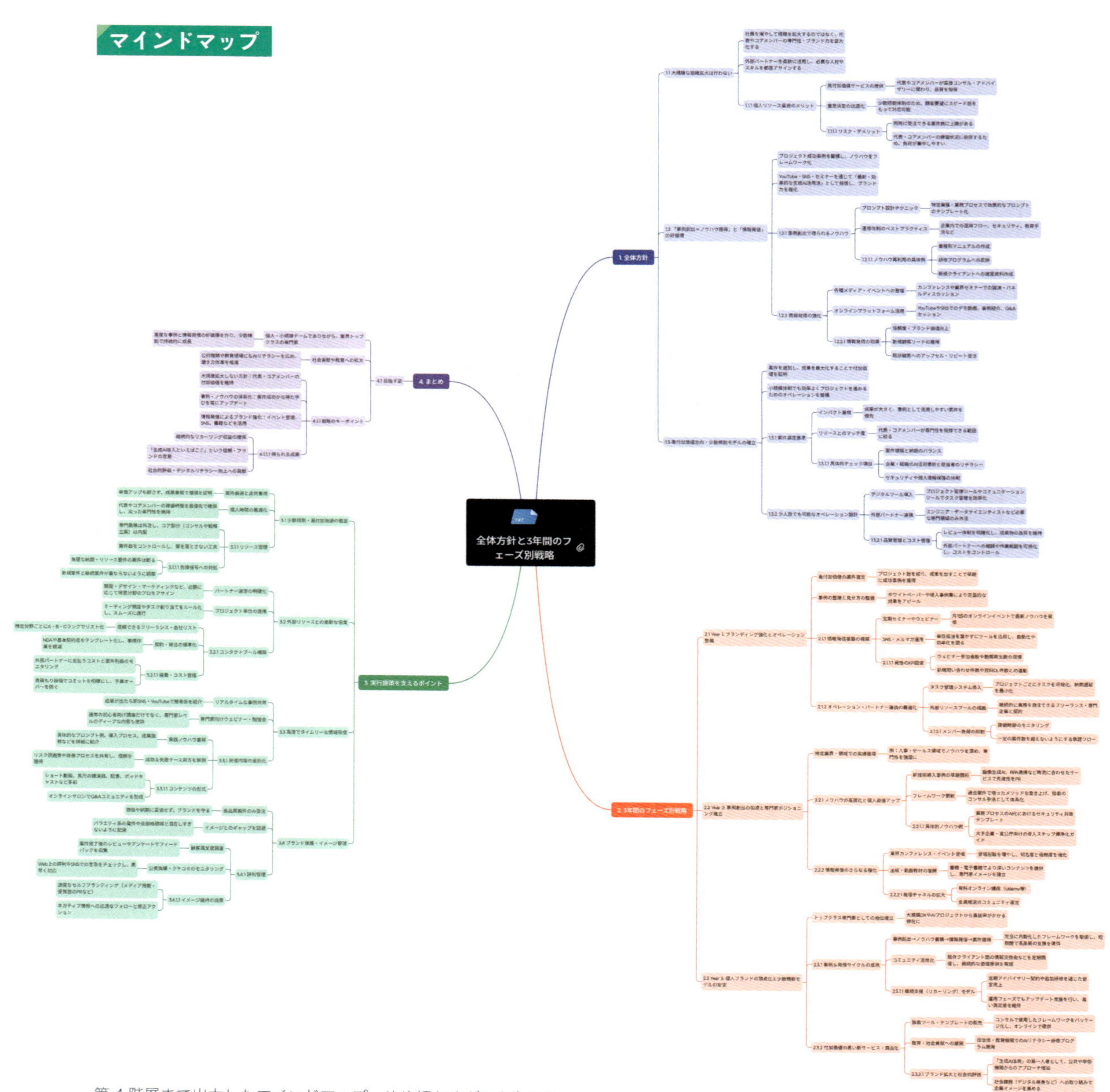

第 4 階層まで出力したマインドマップ。やや細かすぎる印象あり

パターン2：Mapify から ChatGPT へ

Mapify で取り込んだ情報を ChatGPT に送って、さらなる文章作成や分析に活かせます。Mapify を最初に使うメリットも大きく 2 つあります。

①幅広いファイル形式に対応　Mapify は、PDF やパワーポイント、さらに動画や音声にも対応しています。
②連想的にアイデアを出せる　会話形式と比べて、より複線的で並列にアイデアを考えることができます。また、Mapify のアイデア出し機能などを利用することで、ポイントだけを膨らませることも容易です。

①の補足になりますが、ChatGPT でもパワーポイントや PDF ファイルをアップロードすることはできます。しかし、データ量が多い場合、ChatGPT は実は全文を読むのではなく、質問に関連する一部の情報だけを勝手に取捨選択してしまいます。そのため「全体をまとめる」という用途に ChatGPT は不向きなのです。

また、Mapify から ChatGPT にうまくデータ連携するコツも 2 つあります。

①できるだけ詳しく出力　マインドマップに変換する際の設定で「詳細」を選んでおきましょう。単語・フレーズなどで短く出力する場合が多いと思いますが、後から ChatGPT で利用する場合は、文章として理解できるように詳しく作っておきましょう。
②マークダウン形式で出力　エクスポートをする際にマークダウン形式を使うことで、構造化されたテキストデータとして出力できます。ChatGPT → Mapify の時も同様でした。

例：Mapifyで全体サマリーを作成し、ChatGPTでドキュメント化

Mapify で動画・音声データから全体サマリーを作成し、必要な範囲を肉付けした上で、ChatGPT を使って詳細をドキュメント化していきます。今回は「動画データ」で試してみましょう。

動画データは、250MB 以内・2 時間以内の場合に、ファイルを直接アップロード可能です。しかし、動画は往々にして大きなファイルサイズになってしまいがちです。その際は、YouTube に限定公開でアップロードした上で、Mapify で読み込む方法があります（53 ページ参照）。

YouTube は誰でも内容を見られてしまうので、機密性が高い情報の場合は難しいですが、限定公開にすると、URL を知っている人だけが閲覧できます。また、YouTube 動画にアップロードしておくと、Mapify 上で該当箇所だけを再生できるというメリットもあります。

YouTube アカウントの取得や、限定公開でのアップロード手順は、ChatGPT サーチや Perplexity を使い、ご自身で確認してみてください。

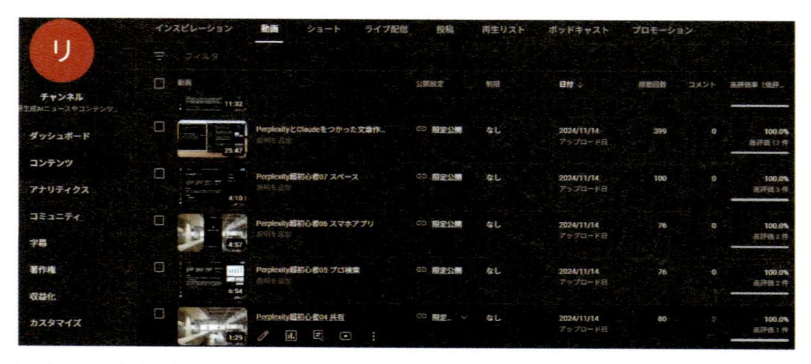

YouTube に限定公開でアップロードすると、2 時間以上の動画も利用可能

Youtube で限定公開している 25 分程度の動画を使い、Mapify で全体サマリーを作成します。設定で、複雑さを「詳細❶」にしておきます。また、要求プロンプトでも「**後からドキュメントにまとめたいので、できるだけ具体的かつ細かくまとめてください**」と指示を出しておきます❷。

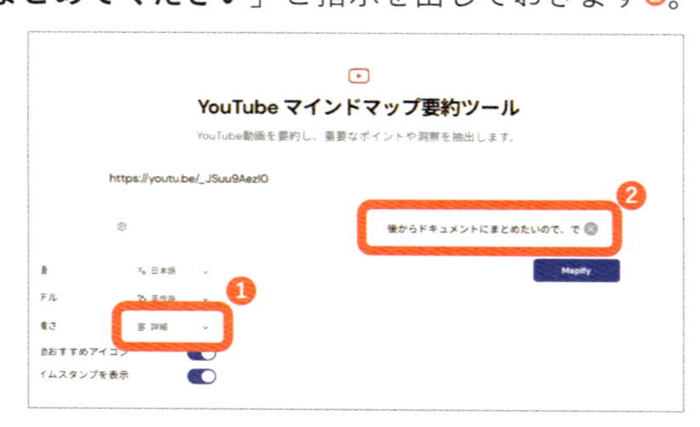

後からドキュメント形式に落とすので、表現フォーマットは、文章のまとめに比較的近い「グリッド」形式を選ぶとイメージがつきやすいでしょう。もちろん好みで変えても問題ありません。

グリッド

パープレキシティとチャットGPTを活用した文章作成の流れ

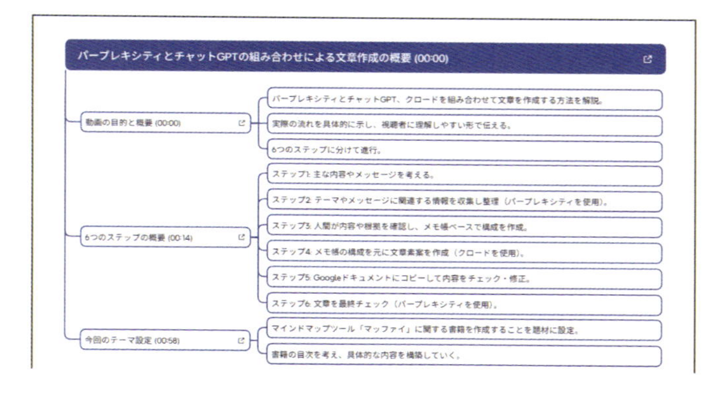

マニュアルにするため、目次レベルで内容を取捨選択・追加・修正していきます。Mapify での作業は ChatGPT で使う元データの準備なので、あまり細かい精度を求める必要はありません。構造が多少違っていても、後からテキストや ChatGPT で修正すればよいのです。

内容を確認したい点があれば、「新しいウィンドウ」アイコン❸を押すと、次のように該当箇所から動画を再生可能です。気になるところだけ元データを確認し、内容を整理していきましょう。

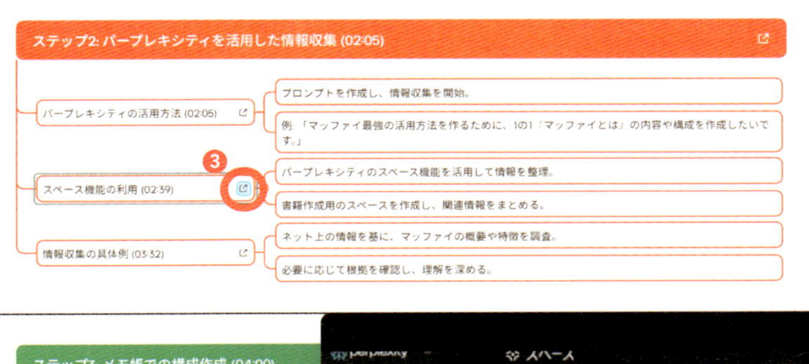

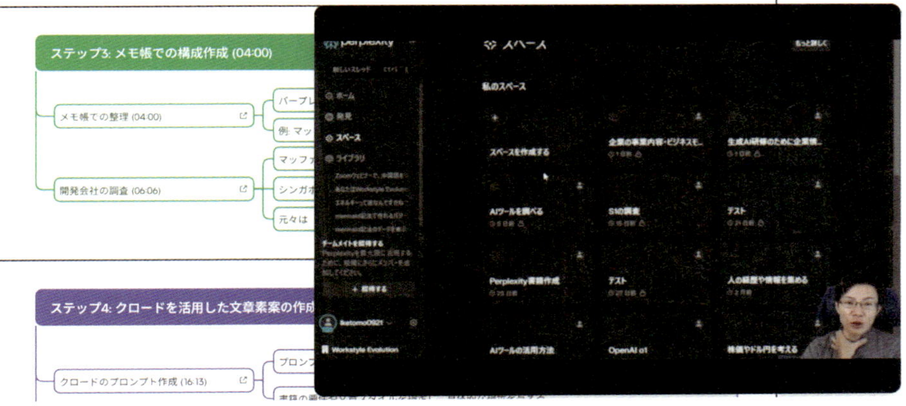

ノード内に表示された時間から動画再生できる

内容を作ったら、「共有」→「エクスポート」→「Markdown」でファイルを取得しましょう。なお、YouTube 動画の場合、YouTube の参考リンクが残ります。

ChatGPT で利用する際には、プロンプトからリンクを削除しましょう。または ChatGPT に依頼し、最初からリンク部分だけ削除してもらう手もあります。

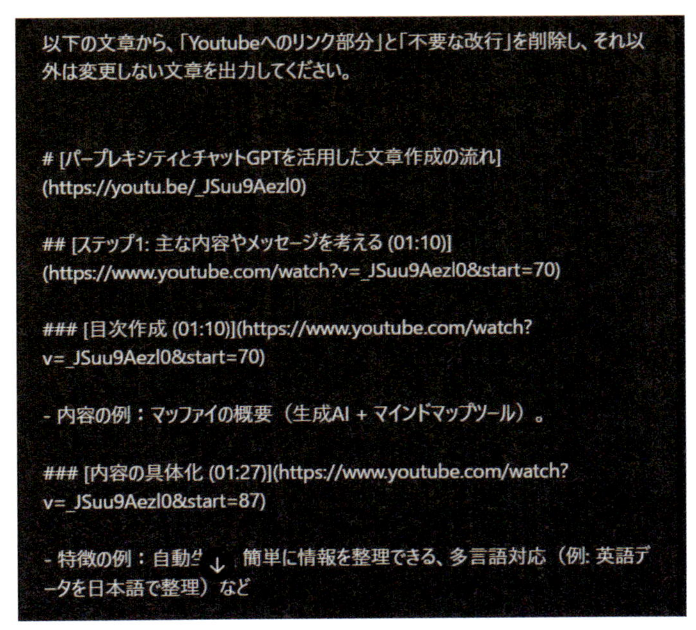

ChatGPT に指示して不要な情報を削除する

マークダウン形式で、ドキュメントの骨子が作成できました。この後は、ChatGPT を使って文章を作成していきましょう。文章生成 AI は、1 回に出力できる文章量が限られているので、一度に全文を作るのではなく、1000 ～ 2000 字程度で段階的に作成していくのがおすすめです。

```
あなたは優秀なライターです。以下で指定した「対象の目次」の文章を作成してください。その際は「全体の目次構成』それまでの文章」を踏まえてください。

# 対象の目次：
## ステップ1: 人間：主な内容やメッセージを考える
### 目次を作成
- まずは人間が「どんな内容にしたいか」のメインメッセージを考える。箇条書きでOK
- 内容の例：Mapifyを使うと、圧倒的に効率的に情報を可視化でき、理解速度が上がる

----------

# 全体の目次構成

## ステップ1: 人間：主な内容やメッセージを考える

### 目次を作成
```

ステップ1: 人間：主な内容やメッセージを考える

目次を作成

文章作成の第一歩として、まずは「どのような内容にしたいのか」を明確にすることが重要です。ここでは、書籍全体の構成を考える前に、メインメッセージを整理し、方向性を固めます。特に、読者にどのような価値を提供するのか、どのような理解を促したいのかを意識して、シンプルな形で要点をまとめましょう。

1. メインメッセージの検討

まずは、書籍全体を通じて伝えたいメッセージを明確にすることが必要です。たとえば、以下のようなメッセージが考えられます。

- **Mapifyを活用することで、情報の可視化が劇的に向上し、理解速度が加速する。**
- **従来の情報整理方法よりも効率的なアプローチを提供する。**
- **ビジネスや学習など、幅広い分野で応用可能なツールである。**
- **AIを活用した情報整理の未来像を提示し、読者が実践できる形で紹介する。**

以下は、上記で使用したプロンプトの構成とその流れにそったプロンプト例です。

プロンプト構成

```
-------------------------------
■プロンプト構成
-------------------------------
あなたは優秀なライターです。以下で指定した「対象の目次」の文章を作成してください。その際は「全体の目次構成」「それまでの文章」を踏まえてください。

# 対象の目次：
[[ ここに対象の目次を定義してください ]]

# 全体の目次構成：
[[ ここに全体の目次構成を定義してください ]]

# それまでの文章：
[[ ここにそれまでの文章を定義してください ]]

# 出力形式
・対象の目次の文章を 1000 程度で作成してください。
・それまでの文章との繋がりも考慮に入れてください。
・それまでの文章とは重複させないようにしてください。
…
```

プロンプト例

```
-------------------------------
■プロンプト例
-------------------------------
あなたは優秀なライターです。以下で指定した「対象の目次」の文章を作成してください。その際は「全体の目次構成」「それまでの文章」を踏まえてください。

# 対象の目次：
## ステップ 1: 人間：主な内容やメッセージを考える
### 目次を作成
- まずは人間が「どんな内容にしたいか」のメインメッセージを考える。箇条書きで OK。
- 内容の例：Mapify を使うと、圧倒的に効率的に情報を可視化でき、理解速度が上がる。

----------

# 全体の目次構成

## ステップ 1: 人間：主な内容やメッセージを考える

### 目次を作成
```

※生成 AI が区切りをわかりやすいように「------」で区切っている

- まずは人間が「どんな内容にしたいか」のメインメッセージを考える。箇条書きで OK。
- 内容の例：Mapify を使うと、圧倒的に効率的に情報を可視化でき、理解速度が上がる。

ステップ 2: Perplexity：情報収集
パープレキシティの活用方法
- プロンプトを作成し、情報収集を開始。
- 例：「Mapify 最強の理解術というコンテンツを作りたい。「Mapify を使うと、圧倒的に効率的に情報を可視化でき、理解速度が上がる」という内容にしたいが、関連する情報を集めて教えてください」

スペース機能の利用
- パープレキシティのスペース機能を活用して情報を整理。
- 書籍作成用のスペースを作成し、関連情報をまとめる。

情報収集の具体例
- ネット上の情報を基に、マッファイの概要や特徴を調査。
- 必要に応じて根拠を確認し、理解を深める。

ステップ 3: 人間：メモ帳での構成作成
メモ帳での整理
- パープレキシティで得た情報をメモ帳にまとめ、構成を作成。
- 例： マッファイの特徴や開発会社に関する情報を箇条書きで整理。

開発会社の調査
- マッファイの開発会社「スーパーマインド」に関する情報を調査。
- シンガポール拠点の企業で、2022 年創業。
- 元々は「チャットマインド」というツールを提供していた。

ステップ 4: Claude：文章素案の作成
クロードのプロンプト作成
- プロンプト例：
-「あなたは著者のライターです。以下の目次や内容を基に書籍用の文章を作成してください。」
- 書籍の要件や文章スタイルを指定し、具体的な指示を与える。

文章素案の作成
- クロードを使用して、メモ帳の内容を基に文章を生成。
- 必要に応じて見出しを追加し、構成を調整。
ステップ 5: 人間：Google ドキュメントでの編集
ドキュメントへのコピーと編集
- クロードで作成した文章を Google ドキュメントにコピー。
- 見出しや段落スタイルを整え、視覚的に見やすい形に編集。

ページ設定の調整
- ページ余白を調整し、無駄なスペースを削減。
- 見出しを階層化し、構造を明確化。

ステップ 6: Perplexity：ファクトチェック

ファクトチェックの重要性
- 文章中の情報が正確かどうかを再確認。
- 例： 開発会社の創業年やユーザー数などのデータを再調査。

修正と完成
- 調査結果を基に文章を修正。
- 最終的に正確で信頼性の高い文章を完成させる。

まとめ： 文章作成プロセスの利点

効率的な文章作成
- AI ツールを活用することで、従来よりも効率的に文章を作成可能。
- 新しい情報をインプットしながらアウトプットを生成できる。

応用可能性
- 本の執筆だけでなく、レポートや他のアウトプット作成にも応用可能。
- 生産性を向上させる方法として有用。

それまでの文章：

出力形式
・対象の目次の文章を 1000 程度で作成してください。
・それまでの文章との繋がりも考慮に入れてください。
・それまでの文章とは重複させないようにしてください。
…

最初は「＃それまでの文章」はもちろん空です。最初の文章案を作ったら、「＃対象の目次」と「＃それまでの文章」をアップデートし、改めてChatGPTに続きの文章を依頼しましょう。この作業の繰り返しによって長文をつくることも可能です。

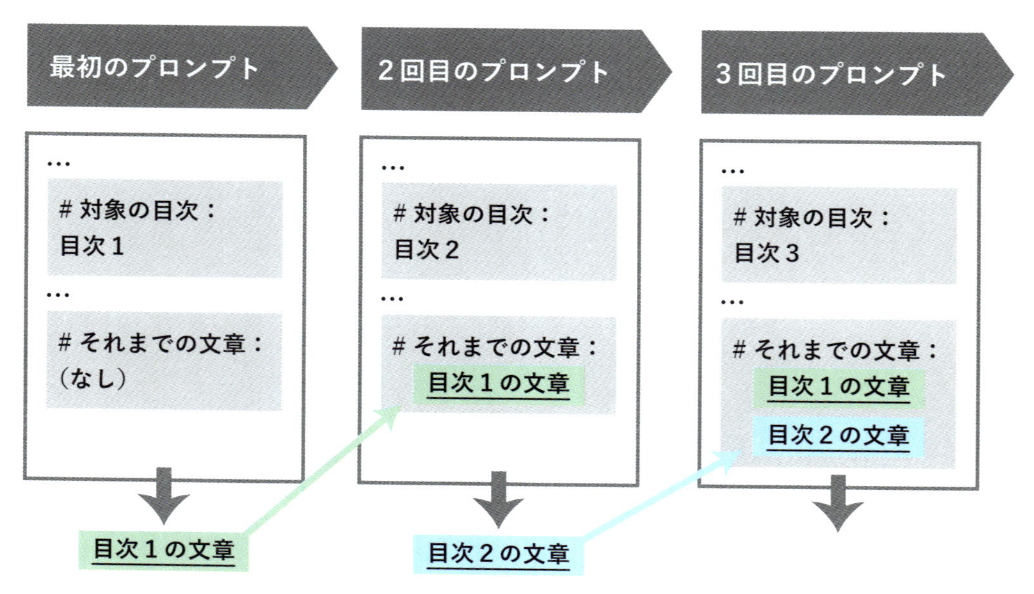

長文をつくるためのプロセス

以下は132ページの続きとして、実際に「＃対象の目次」と「＃それまでの文章」部分を更新して実行した例です。

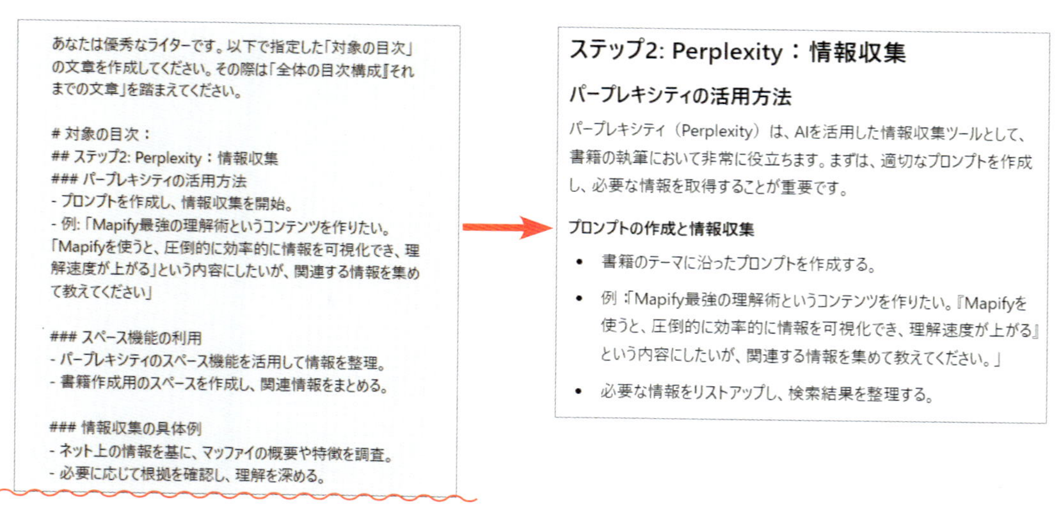

「ステップ1」が終わったら「ステップ2」と段階的に生成していく

最近のChatGPTでは、数万文字の文章は問題なく対応できるので、「＃それまでの文章」が長くてもまったく問題ありません。このようなアプローチで、まず**Mapifyで全体像を視覚的に捉えながら整理し、その全体像に基づいたドキュメント作成**を行うことができます。

6-2 Perplexity（AI 検索）との併用

AI 検索ツールの Perplexity を併用することで、**幅広い情報収集と深い情報理解を同時に実現**できます。Perplexity の AI による優れた検索機能を活用すれば、必要な情報を効率的に収集し、Mapify でそれらを可視化・整理することで、より効果的な知識の構築が可能になります。

 Perplexity（AI 検索）とは？

Perplexity は、検索エンジン機能に生成 AI を組み合わせた革新的なツールです。従来の検索エンジンでは提供が難しかった文脈や関連性を考慮した情報提供が特徴です。

注目の成長企業　時価総額が 1 兆円を超える企業であり、世界的に注目されています。
日本市場への進出　ソフトバンクと提携し、2025 年 2 月現在、1 年間無料で有料プランが利用可能なキャンペーンを実施中です。また、ソフトバンク主催でテレビ CM も放映され、さらなる認知度向上を目指しています。

なお、筆者（池田）は、日本初の本格的な入門書『Perplexity　最強の AI 検索術』を 2024 年 11 月に上梓しましたが、Amazon で以下のような非常に熱いレビューをいただきました。AI 時代に欠かすことができないツールと認知されていることがわかると思います。

「Perplexity を導入した瞬間に情報強者になれます！」
「Perplexity のような生成 AI を味方につけることにより、あたかも対話の相手を得ることが出来、調査作業とそのまとめ作業の効率も上がり、作業が一変」
「ビジネスパーソンは毎日 1.6 時間調べものに使っているそうです。それが、数分でできるとしたら……自分はもうほとんど Google 検索を使っていません」
「あまりに便利だったので、出力した内容を知人に紹介して回っています」
「Perplexity や Genspark の登場により「ググる」時代が終焉した、と言われるようになってきている。世の中一般がどうなのかよくわからないが、個人的には Perplexity を利用するようになってから数ヶ月の間、確かに「ググる」頻度は圧倒的に少なくなった」

Perplexity の詳細が知りたい方は、ぜひ拙著もご覧ください。なお、AI 検索は Perplexity だけではなく、ChatGPT や Gemini にも機能として追加されたり、Genspark や Felo などの競合も存在します。Perplexity に限定する必要はありませんが、ぜひ活用しましょう。

パターン1：Perplexityで得た特定情報源をMapifyへ

Perplexityで特定テーマに関する情報を幅広く収集し、そこから特に重要な情報源をMapifyで深く掘り下げて整理するパターンです。この方法は、著者が日常的に最もよく活用している手法です。

例えば、「AI検索を使って生産性を上げる方法」を探してみます。まずPerplexityで検索すると、以下のようにリアルタイムに、様々なサイトの情報を集約してくれます。

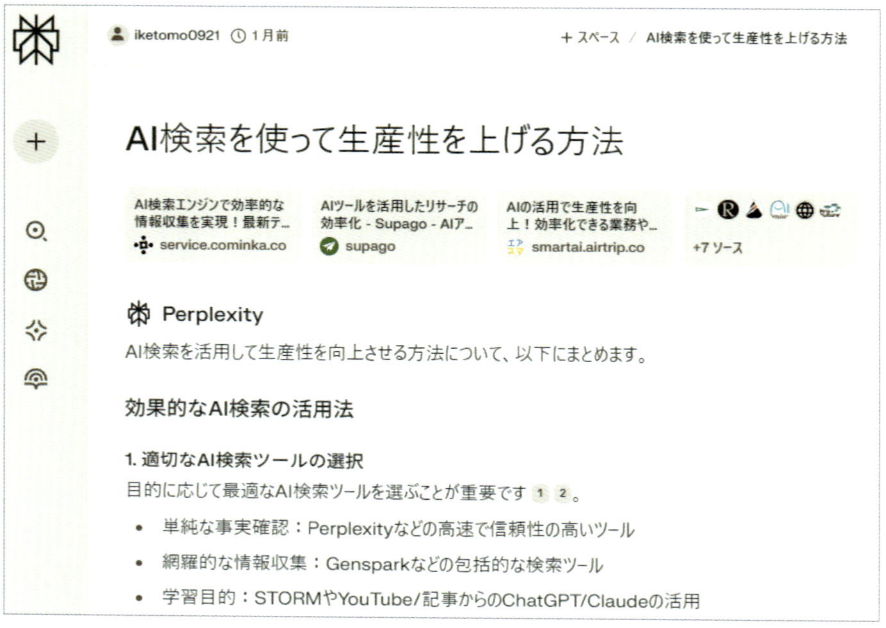

Perplexityによる生成画面

AI検索の大きな特長として、情報の根拠（ソース）をたどれる点があります。回答内の末尾にある丸数字にマウスを合わせると、元サイトがポップアップ表示されます❶。クリックすれば、元サイトに飛んで全体を確認することもできます。

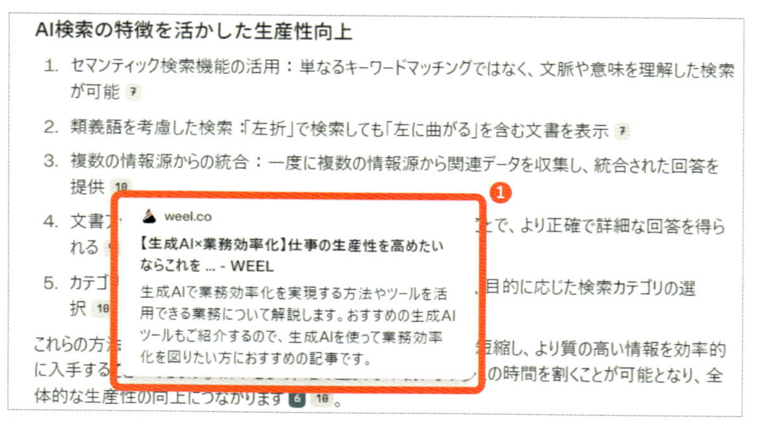

Perplexityでは参考サイトを確認可能

情報源を Mapify で概観する

さて、ここからが Mapify の役割です。Perplexity は、様々なサイトを横断して情報をまとめてくれますが、それぞれの情報源についての説明は当然ながら限定的です。実際に深く理解しようと思うと、ソース１つ１つをしっかり確認すべきですが、元サイトを横断して読むのは大変な時間がかかります。**Mapify を使うことで、元サイトの情報をマインドマップで概観でき、それらを理解するための効率を大きく上げる**ことができます。

また、Mapify の Chrome 拡張機能を使えば、１クリックでページ内で記事内容をマップ化できます。

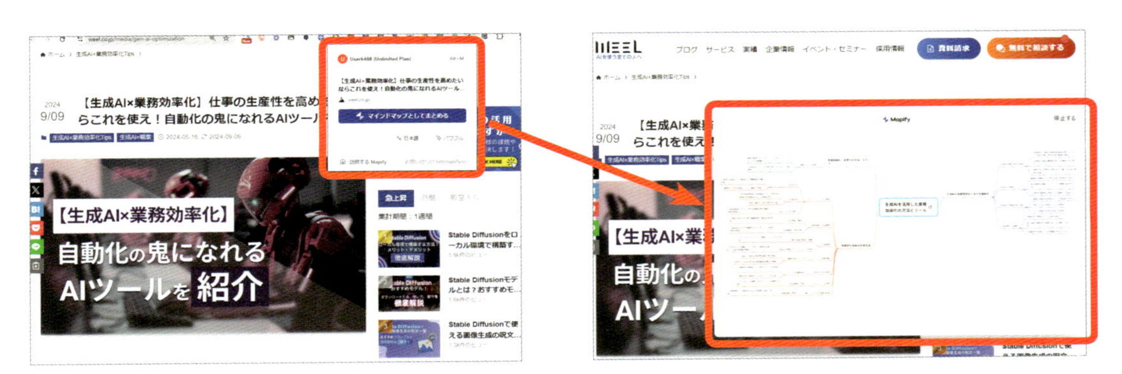

Chrome 拡張機能を使えば１クリックで元サイトの情報をマインドマップにまとめられる

この例では、私が日々お世話になっている株式会社 WEEL のサイトを要約しています。元記事をマップ化して把握することで、今回のお題である「AI 検索を使って生産性を上げる」というテーマについて、より体系的に理解を深めることができました。

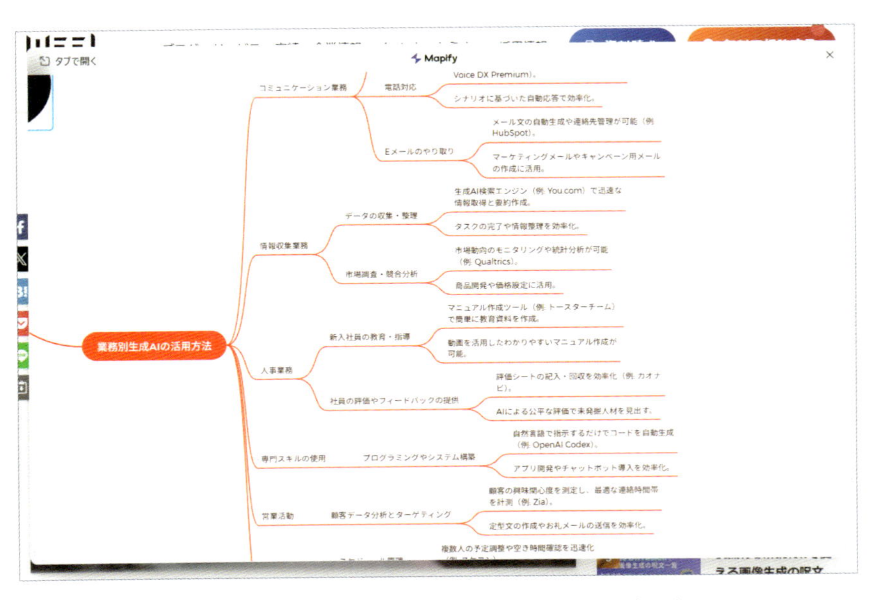

Mapify のマップ要約で、長文をすべて読まなくても１つ１つのソースを理解できる

Perplexity では、1 つの検索結果に対して、画面下部に 5 つの「より深掘りするための質問」が表示されます。これらの追加質問で気になる点を検索しつつ、情報元のサイトで気になるものがあれば、Mapify を使って全体像を可視化して理解する、というのが普段の私の情報収集の流れです。

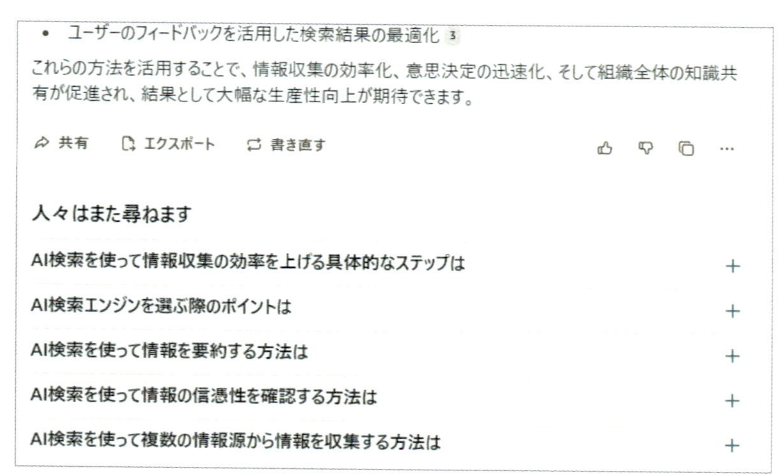

Perplexity の関連検索

また、特に Mapify がパワフルなのは、日本語以外の言語が情報ソースの場合です。Perplexity などの AI 検索は、英語など他言語からも情報収集し、回答を日本語でまとめてくれます。

一方で、その出典元をたどると当然ながら他言語です。翻訳ツールを使えば日本語で確認できますが、若干たどたどしい言い回しになってしまいます。ここで Mapify を使うと、どんな言語のサイトでも、日本語で全体をまとめてくれます。他言語による情報の場合は、Mapify の機能がより真価を発揮します。

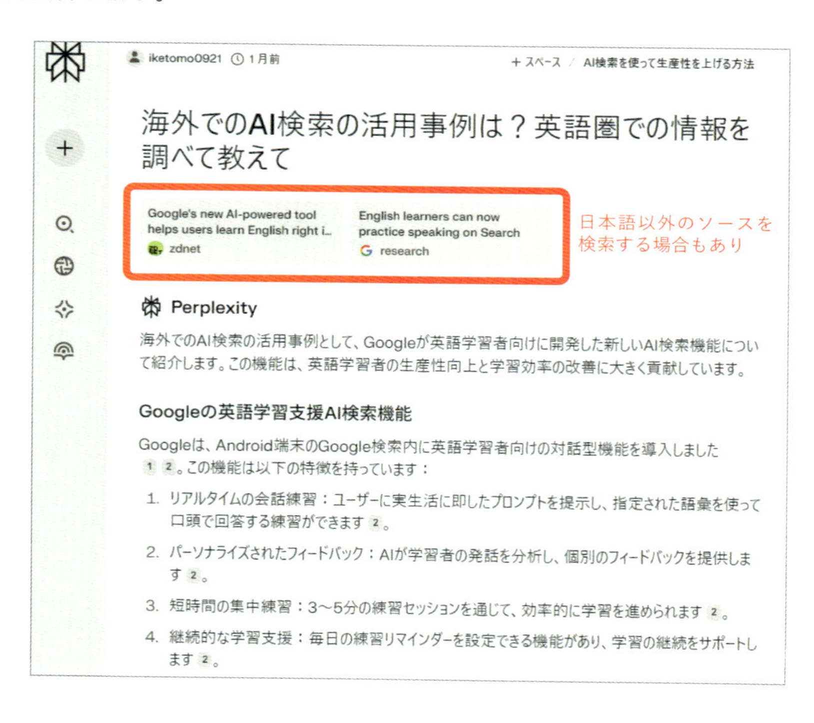

パターン2：PerplexityのまとめをMapifyで可視化

Perplexity で収集した情報（1つ1つのサイトではなく、Perplexity のまとめ文章）をマークダウン形式でコピーし、それを Mapify で可視化する方法です。このプロセスは、ChatGPT から Mapify への連携と同様のアプローチで行えます。

パターン1で調べた内容を Perplexity で「ここまでのすべての内容を、マークダウン形式で、3階層までで、箇条書きを使い、できるだけ具体的にまとめてください」と依頼してまとめます。細かい点ですが、AI 検索ツールは、ChatGPT や Gemini などのチャットメインのツールと比べると、会話の流れを無視して新たに回答してしまう傾向があります。プロンプトの中で「ここまでのすべての内容を」などと補足して繋がりを意識させましょう。

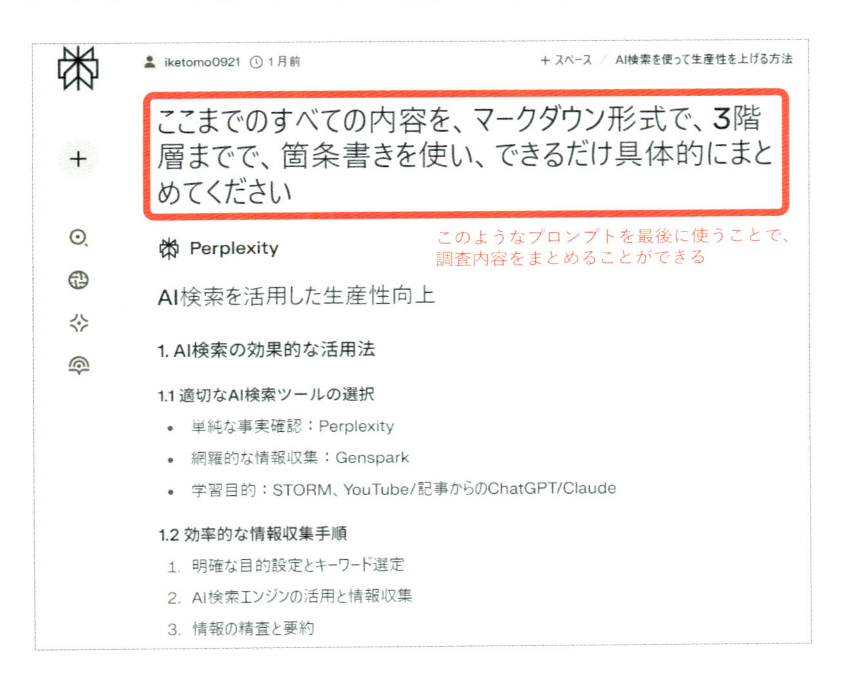

Perplexity にも、マークダウン形式でコピーする機能があります。画面右下のコピー機能❶を使うだけで実行されます。

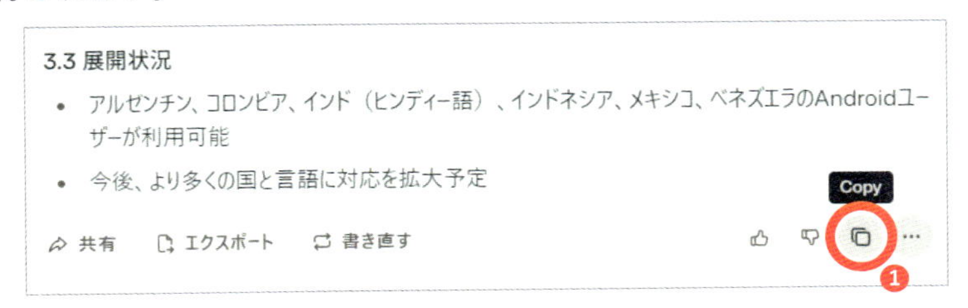

コピーすると、参照元サイトのリンク一覧も「Citations❷」として付与されます。Mapifyでの作業にこの部分は不要なので、メモ帳などでカットしておきましょう。

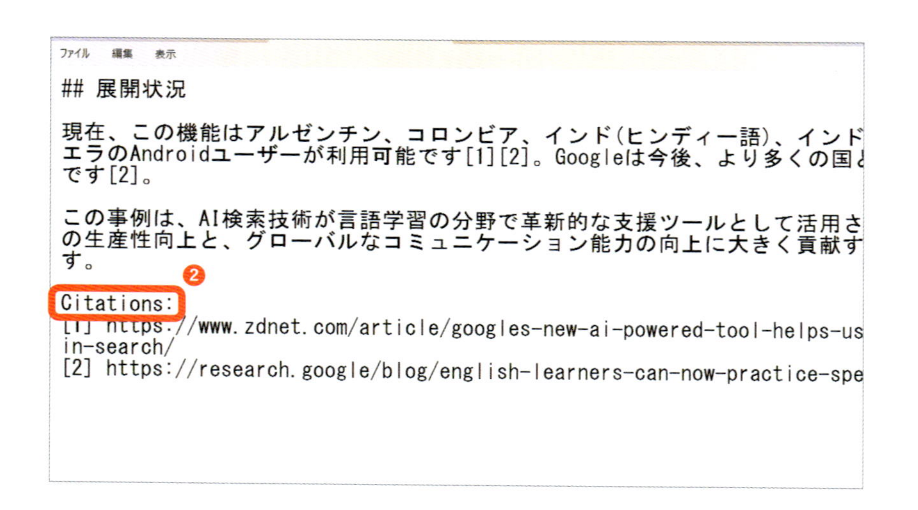

Mapifyの「長いテキスト」を開き、ChatGPTと同様に「原文を一切変えず、原文そのままの文章でマップ化してください」と要求プロンプトを追加して実行すると、調査内容をマップ化できます。

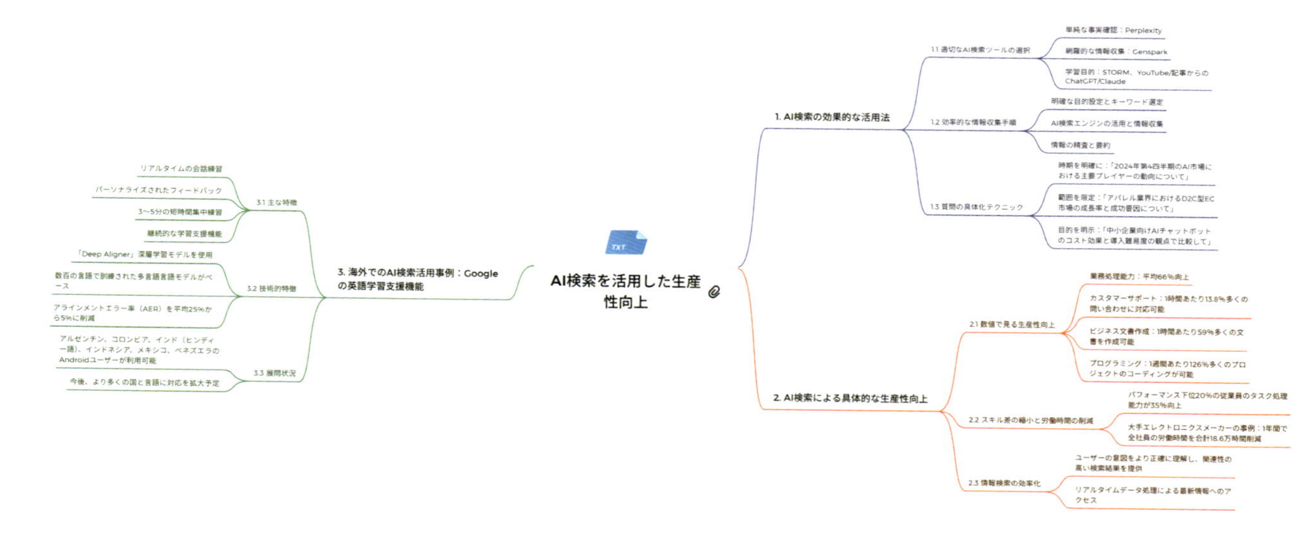

パターン3：Mapifyでの思考を基にPerplexityで裏づけ

最初にMapifyを使って思考を整理した上で、不明点や不足している情報をPerplexityで補完・ファクトチェックする方法です。このアプローチには、以下のような利点があります。

効率的な不足点の特定　Mapifyで可視化することで、どの部分に情報が不足しているのかが明確になります。
スピーディな深掘り　AI検索で素速く収集できます。
ファクトチェック　AI検索を使うと事実確認をしやすくなります。

例えば、パターン1と同じテーマで「AI検索を使って生産性を上げる方法」をMapify起点で考えてみます。

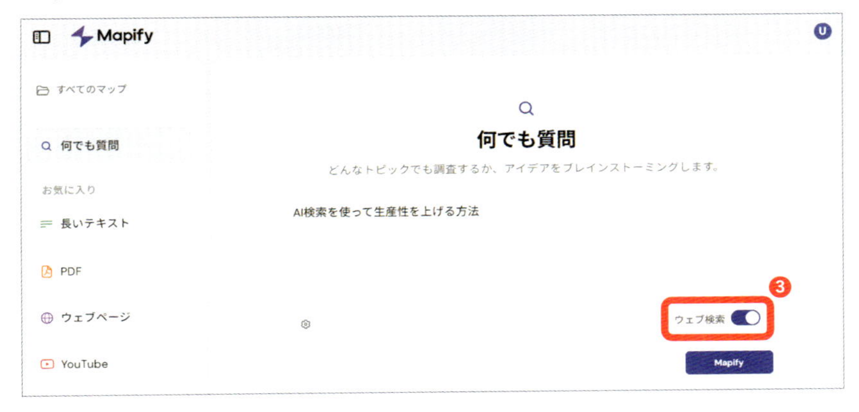

ウェブ検索機能❸も使うことで、あっという間に以下のような最初のまとめを作成することができました

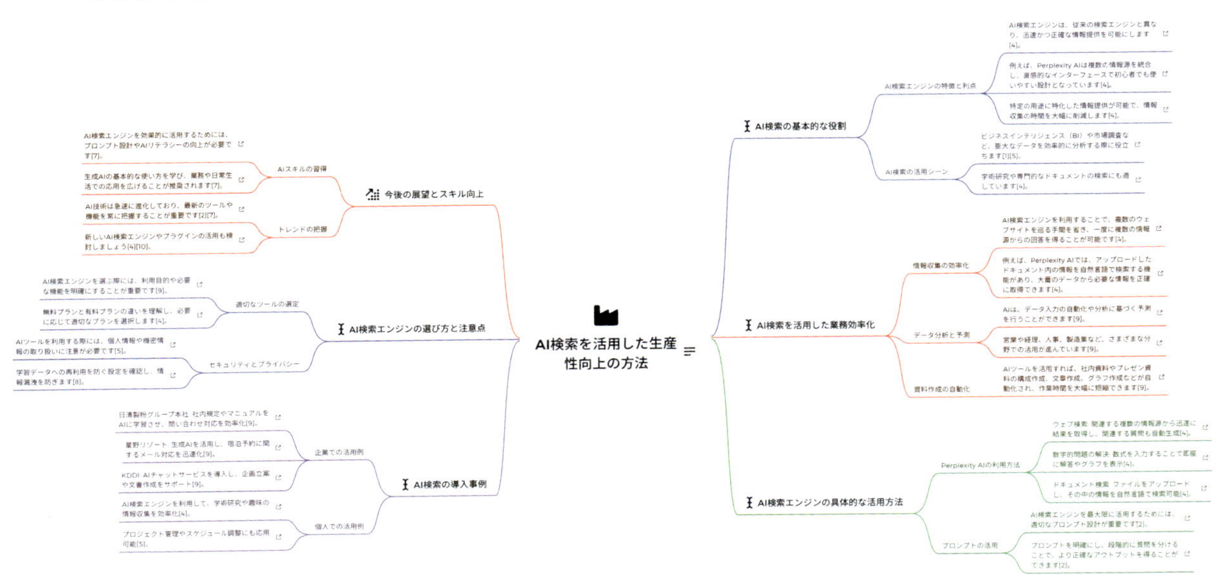

マップ内のノードに「AIツールを活用すれば、社内資料やプレゼン資料の構成作成、文章作成、グラフ作成などが自動化され、作業時間を大幅に短縮できます」❹とありますが、これが本当か（妥当か）どうかを確認したいとします。Mapifyだと、元サイトを開いて確認するパターンと、AIチャットに質問するパターンがありますが、これらの方法だと物足りないと感じたときはPerplexityの出番です。

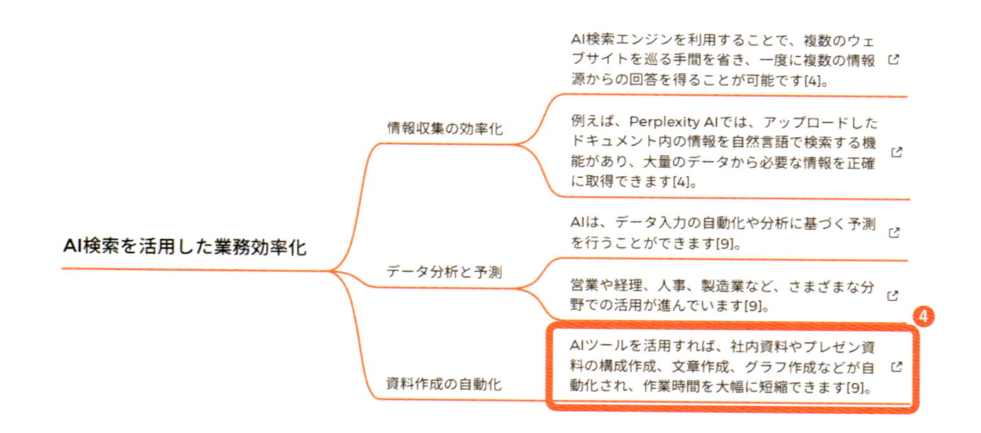

Perplexityを開き、以下のようなプロンプトを入れます。文中の「結果は以下のような表形式で〜」❺のプロンプトは、本来なくても問題ないですが、このように記載することで、次ページのように事実を1つ1つ確認しやすい形式で出力してくれます。また都度このようなプロンプトを入力するのが面倒な場合、Perplexityのスペース機能（事前にプロンプトを設定できる機能）を使うとラクです。さらに「ProSearch機能」を使うことで、より詳しく調査してくれます。ProSearch機能は、無料版でも1日5回まで利用できます。

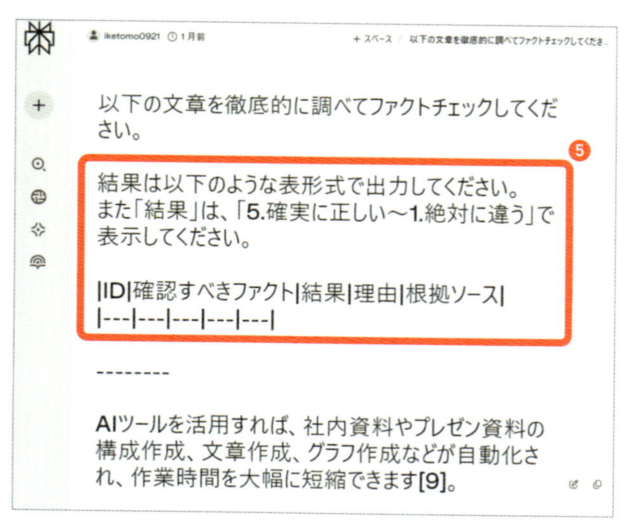

Perplexityで、特定の情報・記述のファクトチェックを依頼

前ページのプロンプトを実行すると、以下のように文章内の各ファクトの妥当性をそれぞれ検証してくれます。Perplexity を使えば、複数の情報源を使ったチェックを行うことができるので、Mapify 単体よりも幅広い視点で確認してくれます。

Perplexity

以下の表で、指定された文章のファクトチェック結果を示します。

ID	確認すべきファクト	結果	理由	根拠ソース
1	AIツールで社内資料やプレゼン資料の構成作成が自動化できる	5.確実に正しい	複数の信頼できるソースがAIツールによる資料構成の自動生成を確認している	2 3 5
2	AIツールで文章作成が自動化できる	5.確実に正しい	多くのソースがAIによる文章生成機能を報告している	2 3 5 12
3	AIツールでグラフ作成が自動化できる	5.確実に正しい	複数のソースがAIによるグラフ自動生成機能を確認している	3 9 16
4	AIツールの活用で作業時間を大幅に短縮できる	5.確実に正しい	多くの事例で、AIツール導入による作業時間の大幅な短縮が報告されている	2 3 4 11 14

この分析結果から、文章中のすべての主張が複数の信頼できるソースによって裏付けられていることが確認できました。AIツールを活用することで、資料作成プロセスの各段階（構成作成、文章作成、グラフ作成）が自動化され、結果として作業時間の大幅な短縮につながることが示されています。これらの機能

ファクトチェックの結果。プロンプトの工夫で、必要箇所の結果を表形式でわかりやすくまとめてくれる

6-3 Gamma（AI 資料作成）との併用

Mapify で情報を整理した後に、**AI 資料作成ツールを使うと、マインドマップをプレゼン資料に効率的に変換**できます。その代表的なツールが「Gamma」です。日本発のサービスだと「イルシル」も知られていますが、今回は Gamma を紹介します。

Gamma とは？

Gamma は、テキストデータを読み込み、それを一気にプレゼン資料に変換してくれる AI ツールです。プレゼン資料の骨組みだけでなく、画像生成 AI も組み合わせて、スライドのビジュアル表現まで自動で作成してくれるのが大きな魅力です。作成したスライドはパワーポイント形式にエクスポートし、編集することも可能です。

2023 年 3 月の正式リリースから急速にユーザー数を伸ばしている Gamma は、世界で 1700 万人以上が利用しているそうです。無料トライアルで一定回数を試すことができるので、興味を持てたらぜひ試してみてください。有料版では月額 1,500 円からスタートできます。

私自身も、YouTube 動画の説明スライドを作る際に使ったり、登壇のプレゼン資料で使うことが増えています。また、私の周りでも企業内での資料作成や、公認会計士・医師・中小企業診断士など顧客向けに説明が必要な職種の人たちが重宝しているのを最近よく耳にします。

Mapify で整理し、Gamma で資料作成

まずは Mapify でプレゼン内容の素案を作成しましょう。第 3 章〜第 5 章で紹介した通り、既存コンテンツを変換してもよいですし、ゼロから新しく作成することも可能です。ここでは、前節の例として「AI 検索を使って生産性を上げる方法」を使用することにしましょう。

「共有」→「エクスポート」→「Markdown」で、Mapify のデータをダウンロードします。テキストで開くと、参照元サイトの URL が含まれているので、ChatGPT との併用で行ったように、不要な情報として削除しておきましょう。

次ページから Gamma に登録した後、資料作成を行う手順を紹介します。

ホームページから「新規作成❶」を押します。

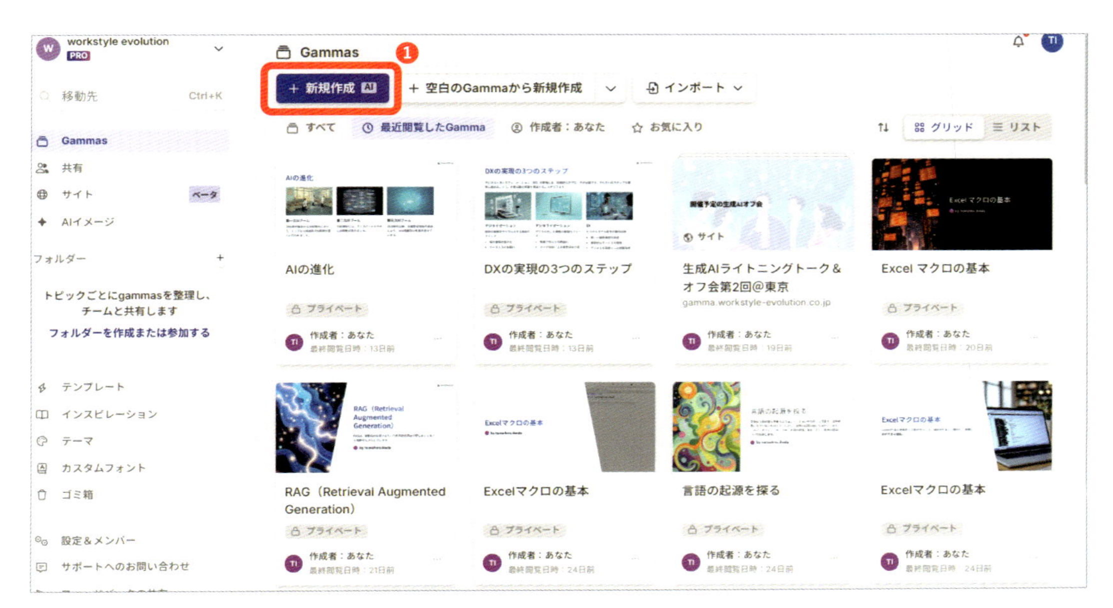

Gamma のトップ画面　https://gamma.app/

ここでは、3 つの選択肢の中から、「テキストを貼り付ける❷」を選びます。

テキストボックス内❸に、Mapify で出力したマークダウンテキストを貼り付けます。作成する形式を選択するボタン❹は「プレゼンテーション」を選び、ページスタイルのプルダウン❺は「トラディショナル」を選び、続けるボタンを押します。

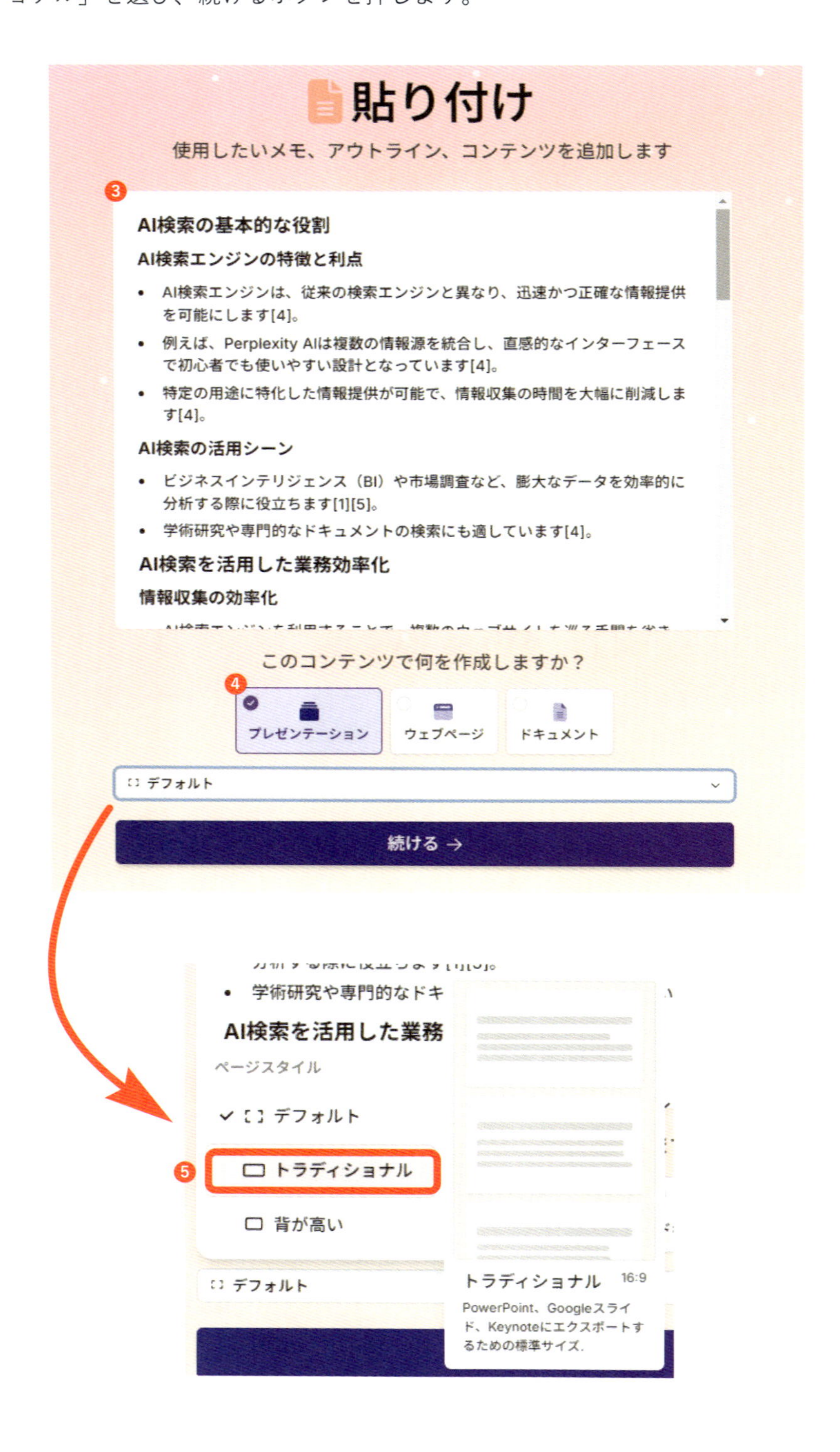

編集画面では、テキストの生成方法・分量・画像生成 AI・スライド単位を選べます。

Gamma のスライド作成の詳細画面

◎テキストコンテンツ（テキストの生成方法）❻

生成　新たに追加情報を生成（増やす）

要約　コンテンツを要約して見やすくする（減らす）

保存　コンテンツを維持したままスライドにする（ただしすべての原文通りではなく、多少アレンジされてしまう）

◎カード 1 枚あたりの最大テキスト数（分量）❼

概要　短い文章

中　複数の短めのパラグラフ

詳細　複数の長めのパラグラフ

◎出力言語（言語の指定）❽

日本語の場合は「だ / である体」「です / ます体」を選べる

◎画像ソース❾

自動　画像ごとに下記から選ぶ

AI 画像　画像生成 AI で新たに生成する

※ AI 画像を選んだ場合、さらに以下の 2 つの要素を指定する

画像スタイル　文章でスタイルや雰囲気を指定

画像モデル　利用する画像生成 AI のモデルを選択可能

ストックフォト　Unsplash という画像サイトから利用

ウェブ画像　ネットから検索

イラスト　Pictographic という画像サイトから利用

アニメーション GIF　Giphy から利用

自由形式❿　画面下部のカード数（スライド数）を踏まえ、Gamma がページ分けを自動的に行ってくれます。

カードごと⓫　自分でページの切り分けを指定できます。切り替えたとき、以下のように画面上部に「分割するか」が表示されるので、「はい、分割します⓬」を押すと、情報を自動的に分割してくれます。

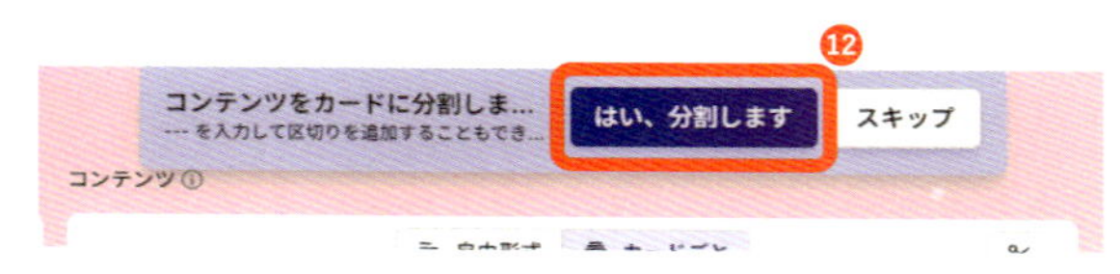

元原稿をマークダウン形式で作った場合は、以下のように見出し単位（マークダウン形式の「#」単位）で分割してくれるため便利です。

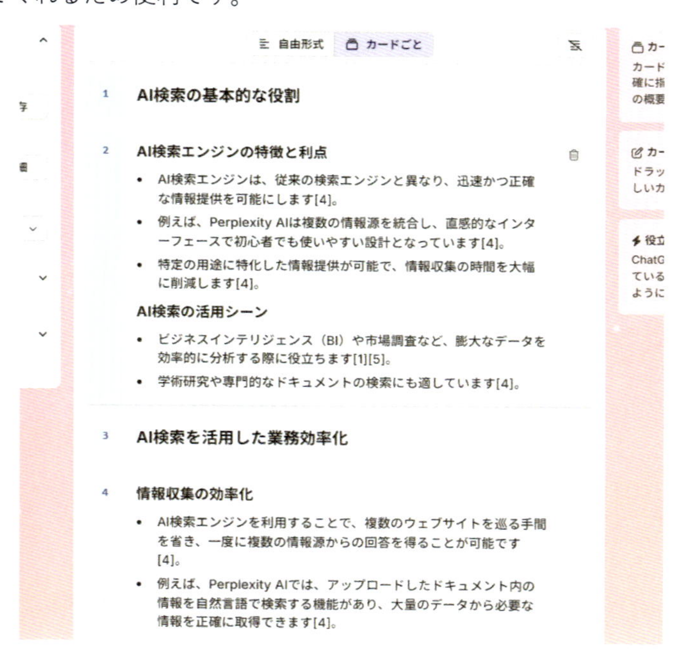

自分でスライドを分割したい場合は、分割したい部分で半角ハイフン（-）を3回入力します。

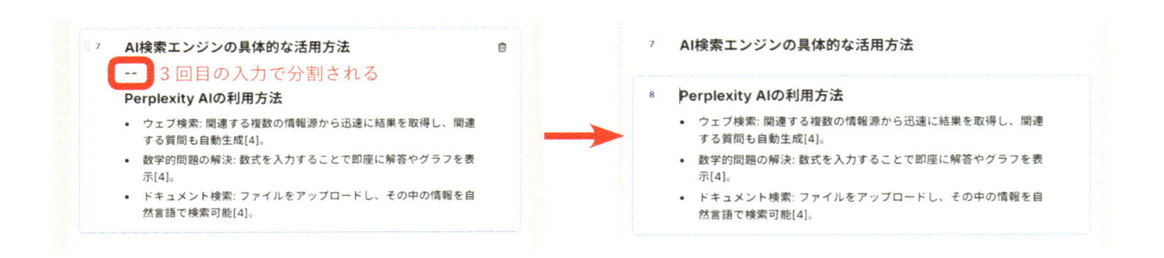

また、ページを統合したい場合は、そのカードの一番左上の部分⑬にカーソルを合わせ、バックスペースキーを押すと統合できます。

「続ける」ボタンで次に進むと、デザインテーマを選べます。また、自分のカスタムテーマ（色合いなど）を作成することもできます。

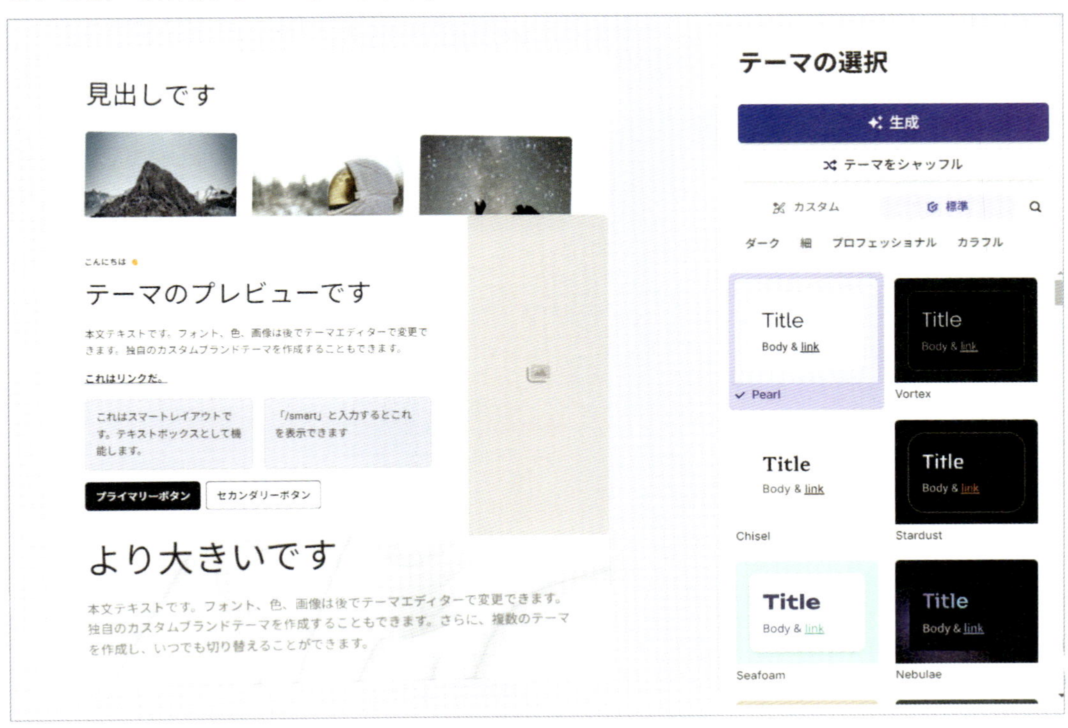

6 他のAIツールとの併用

「生成」ボタンで次に進むと、AI が自動的にスライドを作成してくれます。画像も同時に組み込みながら、あっという間に複数のスライドが作成される様子は「圧巻」の一言です。AI 時代を感じられるユニークな体験なので、ぜひ一度トライしてみてください。

Gamma で生成されたスライド例。画像も自動で生成される

作成したスライドは Gamma 上でも編集可能ですが、細かい使い方は YouTube や別の書籍に譲るとして、特に重要なパワーポイントでの出力方法を解説します。画面右上の「三点リーダー⑭」→「エクスポート⑮」→「パワーポイントにエクスポート」の手順で、パワーポイントファイルを出力できます。

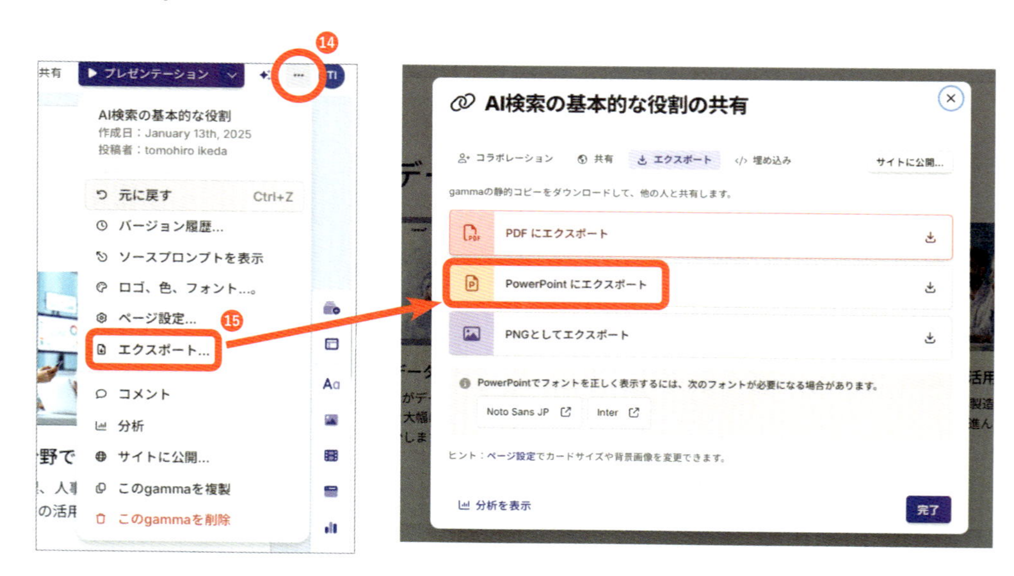

以下は実際に出力した資料です。慣れると 1 分程度でここまで作成することができます。細かい部分の修正や、不要なスライドのカットは必要ですが、Gamma を使うことでプレゼン資料のドラフト作成は圧倒的にラクになります。

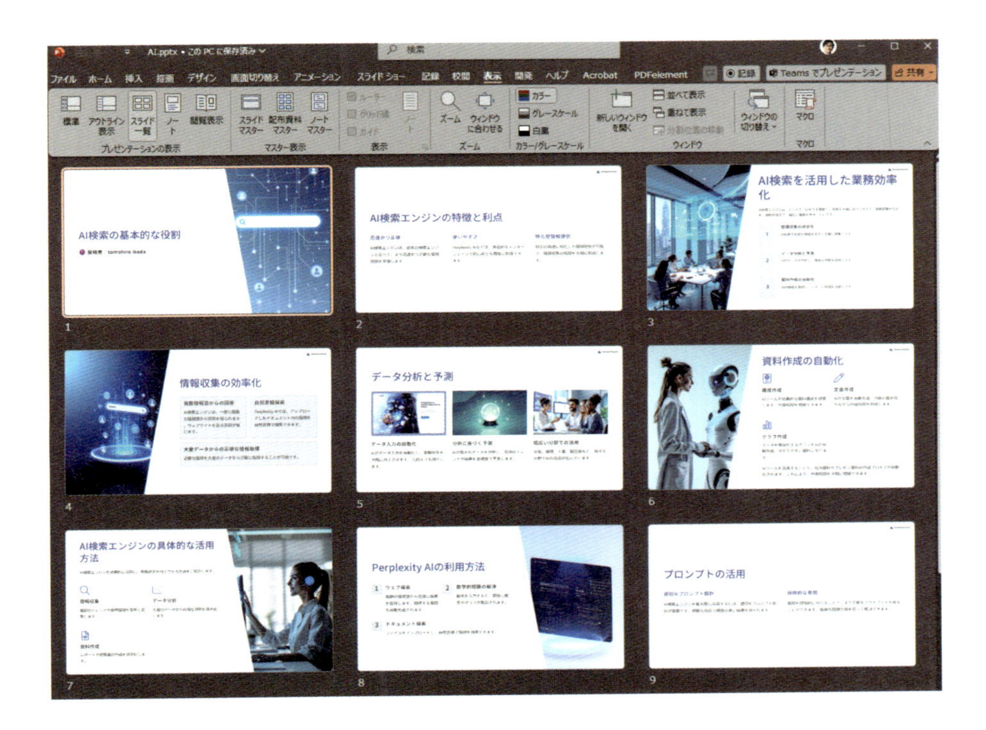

ユーザーの声 スライド作成に活用して情報の定着をサポート！

ちょっとしたスライドコンテンツ作成に活用。最新の情報が出たときや活用方法についてのサイトや Youtube のデータを一回構造化してもらってから、マークダウンファイルに変換し、Gamma の「テキストから生成」でスライドを作って説明資料として使っています。新しい情報の概要をすぐに理解できるのと、それをスライドにして説明することで情報の定着がこれまでより早くなりました。（Kai）

Chapter 7

生成 AI 時代の働き方・未来

7-1 生成 AI 時代の働き方

生成 AI の登場により、私たちの働き方は大きく変わりつつあります。ボストンコンサルティンググループ（BCG）が世界 15 ヶ国・1.3 万人以上を対象に行った調査（AI at Work 2024：Friend and Foe）によると、生成 AI を使用している回答者の約 6 割が「生成 AI ツールを使うことで週に少なくとも 5 時間を節約」と回答しています。つまり、**1 日 1 時間の業務を削減**できているわけです。

日本企業でも、生成 AI の導入による業務効率化の成果が表れています。GMO インターネットグループは、2024 年 12 月時点で、生成 AI を利用することで、1 人あたり「30.1 時間／月」の業務時間の削減があると回答しています。これにより、グループ全体でなんと「約 16.1 万時間／月」の削減を実現できているとのことです。GMO では四半期ごとにこの数値を公開してくれていますが、1 人あたりの削減時間は 2024 年 9 月時点では「27.2 時間／月」であり、わずか 3 ヶ月の間で「約 3 時間／月」も業務効率が上がっています。

それ以外にも、企業変革コンサルティングを行うリンクアンドモチベーションでは、様々な生成 AI ツールを活用することで、**一人当たり売上が前年比約 140%、業務時間は前年比 25%削減**と大きな事業成果をあげています。

Mapify が変える「情報理解」の仕方

ここまで見てきたように、長文テキストや動画といった膨大な情報でも、Mapify に搭載された生成 AI を活用し、マインドマップ形式に変換することで、**まず全体像をつかみ、その後に細部をチェックするという新しい情報理解のスタイルが実現**できるようになりました。

日本語の情報だけでなく、第 3 章で解説したように海外の論文や長文の英語記事を Mapify に読み込ませることで、まず日本語で概要を把握でき、要点が整理された状態で深掘りすることが可能になります。

これにより、同じ時間でインプットできる情報量が増え、その情報を基にアウトプットを行う際の効率も上がります。1 つ 1 つの情報理解の差は数分程度だったとしても、1 週間、1 ヶ月、1 年と長いスパンで見れば、大きな差が生じることは明白です。

AI との協働

すでに第 1 章から第 6 章までで述べてきたように、Mapify や ChatGPT をはじめとした生成 AI ツールが普及したことで、人間と AI が協働する働き方は急速に当たり前となっています。

AI の役割は、大量のデータ収集や整理、アイデアの初期提案や文章の下書きといった、「まずは数をこなす」ことが必要な作業を得意としています。

一方、人間が担うのは、AI が出力した情報の検証や要・不要の判断、そして最終的な品質管理や意思決定といった、より高度な思考力を要する作業となります。

そのためには、第 4 章や第 5 章でも取り上げたように、短時間で情報全体を把握し、適切に要点を選び取る力が不可欠です。Mapify を使い、全体像を俯瞰するスキルを身につけておけば、たとえ AI がまとめた情報量が膨大でも、重要な部分をすぐに見極めることができます。

これからの時代、人と AI の協働は益々深まり、作業スピードやアウトプットの質は飛躍的に向上していくでしょう。そのときに**大きな武器となるのが、Mapify の「高速で大枠をつかむ」能力**なのです。

企業の生成 AI 活用 2 つのサイクル

生成 AI を使って、業務生産性を高めたいというニーズは日々高まっています。私自身、多くの企業で「生成 AI のビジネス活用支援」を行ってきましたが、**企業が生成 AI を導入し、実際に成果を上げていくためには大きく 2 つのサイクルを回すことが重要**だと感じています。

本節では、Mapify に限らず、企業が生成 AI 導入をどのように展開していくべきかをお伝えします。「サイクル 1：生成 AI の標準ツール化（個々人の生成 AI 利用）」と「サイクル 2：生成 AI での業務プロセス変革」の 2 つの取り組みを理解することで、自社の状況に適した生成 AI 導入方法を考えることができます。

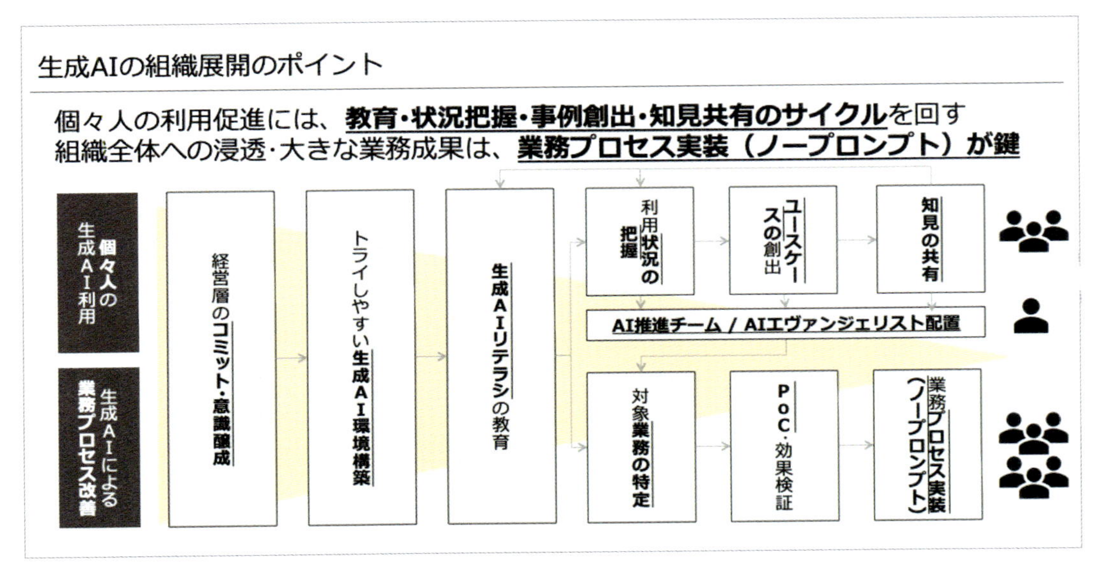

株式会社 Workstyle Evolution 提供

サイクル1：生成AIの標準ツール化（個々人の生成AI利用）

このサイクルは、組織の1人1人が生成AIをパソコンやエクセルと同様に使える「標準ツール」として定着させることを目的としています。

主な目標（KPI = Ker Performance Indicator）は、「**利用者の拡大（利用率アップ）**」「**1人あたりの業務時間の削減**」「**1人あたりの業務の質の向上**」です。

1点目の「利用率の拡大」の目標は、業界や企業規模によって異なりますが、IT系・システム系の企業であれば6～7割、それ以外の業界であれば3～5割程度が目安になるでしょう。大企業などで従業員数が多い場合や、AIへの抵抗感が強い企業の場合は、生成AIツールを導入しても利用率が10%未満という状況もよく耳にします。ChatGPTなどの標準的な生成AIは、ほとんどの仕事において何かしらの活用シーンがあるものの、職種や業務内容により導入のしやすさや価値は大きく異なります。現実的な目標ラインを考えることが重要です。Mapifyに関しては、様々なシーンで活用の余地があるものの、情報収集やアウトプットが多い部署・職種に適した特化ツールとして位置づけられるため、全社導入よりも、まずは特定の人物や部署から限定的に活用することになるでしょう。

2点目の「1人あたりの業務時間の削減」は、1日1時間が当面の目標になります。Microsoftの発表した資料「生成AI活用事例と評価方法について」（2024年2月）によると、Microsoft内におけるCopilotを活用した業務時間削減は月17時間（1日あたり約1時間）とされています。日本企業では、先に紹介したGMOインターネットグループやリンクアンドモチベーションなど、すでに達成している企業も増えています。Mapifyは特に、情報理解やアイデア出し、簡易資料の作成などの業務をサポートする心強いツールとなります。

3点目の「1人あたりの業務の質の向上」は、定量的に測定するのが容易ではありませんが、アンケートなどで「業務の質も上がったか？」を各社員に聞いたり、各業務における成果（1人あたりの売上、コード生産量、資料作成数など）を見ていく必要があります。Mapifyでは「情報理解の質」や、それによる「アウトプットの品質向上」などが評価の軸になります。

サイクル2：生成AIでの業務プロセス変革

このサイクルでは、**特定の業務プロセスを生成AI活用を前提とした仕組みに変えることで、大きな成果の達成**を目指します。個々人の利用より適用範囲は狭いものの、明確な成果が出やすい取り組みです。

私が実際に企業を支援する中で、この「生成AIでの業務プロセス変革」のテーマとして多く挙げられるのは、以下のようなものです。

コンテンツ作成　元データ（インプット）の整理や、過去のアウトプットや知見を踏まえ、企画・構成立案・文章作成・チェックなどの各工程の大幅な効率化を目指す。
社内問い合わせ　過去のQ&Aや社内データを活用し、問い合わせ対応の自動化・半自動化を推進する。

カスタマーサポート　過去のQ&Aや社内データを活用し、担当者の教育効率アップ・対応の半自動化を目指す。
営業　過去の商談データを用いて、顧客タイプや課題を整理した上で、商談準備、商談内容のチェック・商談後の提案作成などの半自動化を進める。
採用　過去の採用データや面談データを用いて、候補者のタイプを整理した上で、面談準備、面談内容のチェック、合否判定、面談後フォローなどの半自動化を目指す。

上記の中で、Mapify活用の議論に上がるのは「コンテンツ作成の効率化」のケースです。「動画や音声データをまずはMapifyでマップ化し、そこからマニュアルや資料を作成したい」「PDFのマニュアル資料をマップ化し、そこから質疑応答を整理したい」といった相談が寄せられます。

なお「業務プロセスの変革」といっても、専用のシステムを作る必要があるわけではありません。**MapifyやChatGPT、Perplexityなど既存のツールをうまく組み合わせることで、社内の誰もが利用できる業務の進め方を考えればいい**のです。前節で紹介したGMOインターネットやリンクアンドモチベーションの事例でも、業務に応じて様々な既製ツールを使い分けており、それによって大きな初期コストをかけずにAI活用を推進することができています。

逆に「すべてAIで自動化する」ことは最初の段階では避けるべきです。生成AIは特性上、ミスが発生することもありますし、各ツールごとに対応できることは限られています。各ツールの特性を活かして効率化しつつも、必ず人間がチェック・確認・最終化するというプロセスを置きましょう。人間の工程を置くことを前提とすれば、わずか数週間から数ヶ月程度で業務を改善し、大きな成果を生み出すことも可能です。

どちらのサイクルを優先すべきか？

社内で生成AIを導入しようと考えたとき、まず「個々人の生成AI利用促進」に重点を置くべきか、「特定業務プロセスへの導入」を先に進めるべきか、悩みどころではないでしょうか。どちらも重要な取り組みであることに変わりはありませんし、リソースや予算が十分にあれば並走することがベストですが、それが難しい会社も少なくないでしょう。個人的な経験からいえば、**多くの企業では「サイクル2：特定業務プロセスの変革」をまず優先すべき**だと思います。

1つ目の理由は「少人数によるスタート」が可能なことです。個々人に広く活用を促す場合は、社内全体に向けての周知や教育が必要になり、関心を高めるだけでも時間と労力がかかります。しかし、特定のプロセスであれば数名のコアメンバーだけでスピーディに導入できるため、成果を早く確認できます。

2つ目の理由は「外注できる」点です。個々人の習熟度を高めるためには、研修の実施など一部の外注は可能ですが、社内全体の調整やモチベーション維持はどうしても社内で推進する必要があります。一方、特定業務の変革は、仕組みづくりそのものを外部企業や専門家に相談しやすく、短期間で導入を進められるケースが多くあります。

3つ目の理由は「短期的に成果を出しやすい」ことです。個々人の生成AI活用は、幅広い業務に適用しやすい反面、学習コストや普及に時間がかかる傾向があります。一方、特定プロセスへの生成 AI 導入は、そもそも成果が出やすい業務選定をすることで、短期的に明確な成果を出しやすくもあります。それにより経営層や社内向けに、成功事例を示しやすく、その後の展開がスムーズに進められます。

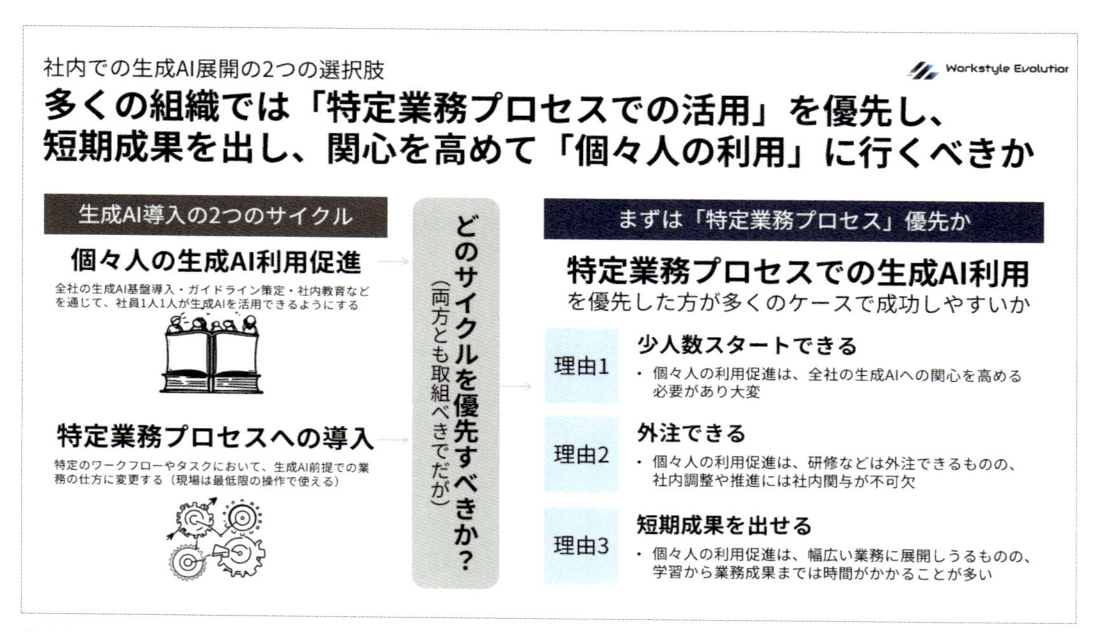

株式会社 Workstyle Evolution 提供

このように、まずは特定業務プロセスで成果を出し、周りの関心を高めた上で、個々人への利用拡大にシフトしていく流れが、多くの企業で効果的な戦略となっています。特定領域での導入が進めば、次のサイクルとして社員 1 人 1 人が生成 AI を活用する基盤づくりに移行しやすくなるのです。

7-2 生成 AI 時代に必要な人間の能力

日々進化する生成 AI に触れるたび、「より人間らしい力が益々大切になる」と強く感じています。その中でも特に重要なのが、志気力、共創力、認知力、編集力という 4 つの能力です。AI に任せれば大量の情報を整理し、高速な検索を行うことが可能です。しかし、自分の想いや行動力を AI に丸ごと代行させることはできません。最終的には、**やる気を奮い立たせたり、人との信頼関係を築いたり、自分なりに情報を理解・編集して付加価値を生み出す能力が、大きな差を生む**でしょう。

志気力	やる気や熱意を持ち、目標に向かってあきらめずに挑戦、行動する力。
共創力	他者と信頼関係を構築し、協力し、一緒に仕事をする能力。多様な意見や専門性を統合し、革新的なアイデアを創出する力。
認知力	情報を正確に理解し、適切に判断する能力。大量の情報から重要な点を見抜き、的確な意思決定を行う力。
編集力	収集した情報を整理し、価値ある形に組み立てる能力。散在する情報や知識を有機的に結びつけ、新たな意味を創造する力。

本書刊行も「4 つの能力」があってこそ

本書の刊行プロセスは、まさにこの 4 つの能力を実践しながら進められました。

志気力　最初は、私自身が Mapify を 1 ユーザーとして活用する中で利便性を実感し、また知人から「Mapify はめちゃくちゃよい！」という声が多数上がったことから、「非常に有益なサービスであり、日本中に広げたい」という思いを持ちました。そこで YouTube での紹介動画を発信しましたが、さらに広げるための打ち手として、「ぜひ書籍も出したい」という強い想いが芽生えました。また、私の個人的な嗜好性として、「せっかくなら日本で最初に最強の Mapify 本を出したい」という欲求が生まれました。

共創力　そんな中で、前著『Perplexity　最強の AI 検索術』も担当してくれた芸術新聞社の山田さんに相談したところ、「池田さんの提案であれば」と快諾していただきました。Mapify は生成 AI ツールの中ではニッチな部類に入るため、企画を通すかどうかの判断は難しかったと思いますが、前著を通じた人間関係や、ツール自体にも魅力を感じてもらい、出版を進めることができました。また、Mapify の開発元である Xmind 社の皆さんにもご協力をいただき、様々な貴重な情報提供を受けることができました。

認知力　本書の内容を作るにあたっては、ChatGPT や Perplexity は当然のこと、Genspark・Felo・Gemini DeepResearch なども併用して幅広く情報収集を行い、これまで知らなかった情報を理解したり、事実の再確認を行っていきました。当然ながら Mapify もフル活用し、理解を深めました。また YouTube の視聴者さんにアンケートで活用事例を募り、実際に自分で試して試行錯誤しながらさらなる活用法を獲得しました。

編集力　収集した様々な情報をもとに、ChatGPT の o1 をフル活用しながらドラフトを作成しつつ、自分が納得するまで何度も推敲を重ねました。本書を書き上げた 2025 年 1 月は、YouTube や X の発信を行いながら、生成 AI の研修やコンサルティングの依頼も急増したタイミングでした。全国を飛び回りながらほぼ毎日のように研修・登壇・打ち合わせを行う多忙を極める日々でしたが、それらと並走しながらも初稿は 3 週間程度で書き上げることができました。

こうして完成した本書は、まさに 4 つの能力が掛け合わさって生まれた成果です。もしどれか 1 つでも欠けていたら、ここまでスピーディーに充実した内容にまとめることはできなかったでしょう。改めて「**人間らしさ」を活かす重要性を、身をもって実感**しています。

読者の皆さんも、Mapify や他の生成 AI ツールを活用しながら、この 4 つの能力をぜひ育てていってください。志気力を高めるためには、自分が「ワクワクできる目標」を持つことが大切です。共創力を伸ばすには、自分自身の能力を磨くことは当然のこと、1 つ 1 つの出会いを大切にし、相手へのリスペクトをもつ姿勢が欠かせません。認知力は、小さな疑問を大事にし、日々自分の頭で考えて理解しようとする習慣により深まります。そして編集力は、得た知識を自分なりに再構成し、表現するプロセスの中で磨かれていきます。本書や私の YouTube チャンネルを参考に、皆さんが AI と共に「新しい知の世界」を切り開くヒントが見つかれば幸いです。

特別インタビュー
百言はマインドマップに及ばず
ブライアン・サン氏（Xmind 社 CEO）

Q. Mapify はどのような課題を解決するサービスなのでしょうか？

生成 AI ブームが進展する中、さまざまな AI ツールが大衆の前に現れています。中でも注目されている機能の 1 つが「AI 要約」です。この機能は非常に便利で手間を省けますが、一方で、要約された内容はほとんどが文字情報のみで表現されています。AI ツールの中核である ChatGPT などの大規模言語モデル（LLM）も、文字による要約の強化に注力していますが、実は文字だけの要約には限界があります。なぜなら文字で要約された内容は、主に情報源の中心となる部分のみが残されるためです。「満開の桜の木」が「裸木」になってしまうように、重要な細部が欠けやすいのです。

この問題を解決するのが「マインドマップ」という表現形式です。マインドマップを用いて要約を行うことで、**同じ文字数のテキスト要約と比べて、情報の質・量ともに優れた結果**を得られます。すると「満開の桜の木」は、「枝によいアイデアを隠すつぼみがいっぱいある想像力あふれる木」となり、その先で満開を迎えるのです。Mapify では、文字要約の限界を乗り越え、マインドマップのよる要約の素晴らしさを多くの人に伝えたいと考えています。

Q. Mapify の市場において独自性は何ですか？

Xmind 社は創業から 18 年間、マインドマップへの愛を原動力に、世界で最も使いやすいと自負するマインドマップツール「XMind」のサービスを中心に事業を展開してきました。そこで蓄積された長年の知識と技術を、AI 時代に必要とされる「AI ネイティブ・サービス」に応用することで「Mapify」が誕生しました。

マインドマップと生成 AI の相乗効果により、あらゆるコンテンツをマインドマップに変換するというビジョンのもと、**Mapify は新時代の効率化ツールとして、仕事や学習に革新的な体験を提供**します。マインドマップの“プロ”が、AI 時代におけるマインドマップの新たな可能性として切り拓いたのが Mapify です。

Q. そもそもどのようにして Mapify のアイデアは生まれたのでしょうか？

Mapify は「Map」と「ify」という 2 つの単語を組み合わせた造語ですが、前者は「マインドマップ」を、後者は「～に変換する」という意味を持っています。

実は、2022 年 12 月に当社のテクニカルチームが「一言でマインドマップを生成する」プロトタイプを開発したんです。しかし、当時すでに「Chatmind」という類似のコンセプトを持つ製品が市場に出ていました。そこで、2023年5月に当社はChatmindを買収し、そこで使われていたコードを全面的に再構築し、より強力なツールへと進化させました。

さらに、2023年末にはPDF要約やYouTube要約などの機能を追加。そして、2024年5月、Chatmindを正式に「Mapify」へと名称変更し、「マインドマップ要約機能」を戦略的なコアに位置づけました。

2024年下半期には、リアルタイムの情報をAI検索し、それをマインドマップとして作成する機能を追加。当初は「テキストをマインドマップに展開する」というコンセプトでしたが、「**あらゆるコンテンツをマインドマップに要約する**」という新たなコンセプトへと進化を遂げました。

Q. Mapifyを導入する具体的なメリットは？

Mapifyを活用することで、マインドマップが思考を活性化し、業務や学習の効率を向上させます。これは、AI時代における情報収集やアイデアの可視化に最適な解決策です。

Q. 主なユーザー層はどのような属性ですか？

学生や会社員、コンテンツクリエイターです。特に、新しい知識を積極的に吸収し、挑戦を続ける人たちが多く利用している印象です。元々、勉強時のメモ取りやプレゼンテーション前の練習、記憶力の向上、アイデアの発想、情報収集、知識の要点を素速く習得するためのツールとして活用されることを想定していました。

Q. 利用者の多い国はどこですか？

現時点では**日本のユーザーが突出**しています。理由としては、以下の3つが考えられます。

1つ目は、日本人が「秩序」を重視する傾向にあることです。日本を訪れた際に強く印象に残ったのは、スーツ姿、時間厳守、公共の場でのマナーなどの習慣が日常に根づいていることでした。日本の人たちは、仕事でもプライベートでも物事を体系的に整理することを重視するため、Mapifyに対するニーズが高いと感じています。

2つ目は、日本人が機能性だけでなく、デザインの美しさにも強い関心があることです。XMindは常にシンプルかつ洗練されたデザインを追求してきました。長年培ってきたデザイン思考をMapifyの製品開発にも注ぎ込んでいて、それが日本人ならではの美意識に合致したことが大きな要因となっています。

3つ目は、日本がAI技術の活用に前向きな国であることです。産業全体でAIの導入が加速しており、日本の消費者も新しいテクノロジーに対して高い関心を示し、積極的に取り入れようとする傾向があります。

これら3つの要因が相まって、日本でMapifyは大きな反響を得たと考えています。

Q. 現在の技術スタックで特に注力しているのは？

単純に１つのLLMを利用するのではなく、複数のLLMの中から最適なものを選び、AI要約を生成することです。

現在、各LLM企業（OpenAI、Anthropicなど）の製品には、それぞれ違う特徴があります。例えば、料金体系、処理速度、得意な情報領域などです。Mapifyでは、技術的な独自性として、入力された情報（テキスト・画像・音声など）に応じて、その処理に最も適したLLMを選択し、マインドマップ要約を作成しています。

さらに、技術的なブレイクスルーとして、大量の情報を含む**長文や長時間のポッドキャストを要約する際に、Mapifyはその内容を「ブロック」に分けて処理**を行います。まず、複雑なブロックを先に要約し、それぞれの要約内容を相互に参照しながら、最終的に細部まで落とさない正確なマインドマップ要約を作成します。処理の流れとしては、以下のようになります。

①情報をブロックごとに分割

②各ブロックを要約

③すべてのブロックを統合し、整合性のある要約

このようなAI要約の方式は、他のAIツールと一線を画す特徴であり、処理コストは高いものの、だからこそMapifyの要約の「質」は他製品よりも優れています。

Q. MapifyをXMindの新機能としてではなく独立した製品としてリリースした理由は？

AIは、人々のソフトウェアやアプリの使い方を根本的に変えると信じています。Mapifyはその信念に基づき、「AI時代に誰でも簡単に使えるマインドマップツール」としてリリースしました。

一方、XMindはマインドマップを愛用する人や、マインドマップを活用しながら仕事や学習を進める人向けのソリューションです。一から作りたいマインドマップのヘビーユーザーが対象のため、最初から意図的に両者を別々にポジショニングしました。

実際、リリース後の結果を見ると、この戦略は正しかったと判断できます。つまり、**Mapifyの潜在顧客はXMindよりも多く**います。Mapifyを通じて、より多くの人がAIとマインドマップの両方のメリットを手軽に得られるようになりました。

Q. Mapifyを導入した顧客・ユーザーが得た最大の成果やエピソードを教えてください。

XMindを18年間運営してきた中で、言われるのが嫌だった感想があります。それは「インターネット上でXMindを使った美しいマインドマップを見たが、自分にはそんなに上手に作る自信がない」というものです。

他者が作成したものを見て、かえってマインドマップづくりのプレッシャーを感じ、この素晴らしいツールを活用してもらえないのはとても残念なことです。しかし、Mapifyならマインドマップの知識がなくても、AIのサポートによって、**誰でも簡単に洗練されたマインドマップを**

一瞬で作成できます。これは単にマインドマップの未来を変えるだけでなく、アプリやソフトウェアの未来にも大きな影響を与えると考えています。
「AIネイティブ・サービス」は、これからますます人々の生活を変えていくだろうと想像しています。時代に取り残されないためには、各分野の技術者たちがAIと自身の得意な領域を融合させ、新たな価値を生み出す必要があります。
これからもマインドマップを事業の中心に据え、さらにAIの力を取り入れながら、これまで培ってきたマインドマップソフトウェアの技術を活かし、より使いやすいAIサービスを開発していきたいです。

Q. Mapifyの後に挑戦したいことや、見据えている将来像があれば教えてください。

AIオーディオ生成やAIナレッジマネジメントなどは、すでに社内で積極的に研究・開発が進められています。

Q. 生成AI時代のビジネスパーソンに最も必要とされる能力は何だと思いますか？

AIを避けるのではなく、全面的に受け入れることが最も重要だと考えています。今後の時代を完全に予測することはできませんが、AIが最先端技術を代表する存在であることは間違いありません。そのため、「AIに代替されないために何をすべきか」という考え方は、まず捨てるべきです。これからの時代は、AIの力をうまく活用した上で、自分の生活や働き方を変えていくこと、さらには顧客へのサービス提供の在り方を進化させることが、誰にとっても一番重要な課題となるでしょう。

Q. 今後の生成AIはどのように進化していくと思いますか？

今後の生成AIは、誰も想像できないほど驚くべき進化を遂げると思います。そのような不確実性の高い未来において、**自らのポジションをどのように確立するかが重要**になります。
AIの分野では、LLMに注力する企業が存在する一方で、より使いやすい「AIネイティブ・サービス」の開発に注力する企業も不可欠です。AIによる文章生成、画像生成、動画生成などの技術が進化することで、これらのツールが日常的に活用される時代はすぐ目前に迫っています。
そのような中で、Mapifyは AIによるマインドマップ生成の代表的なサービスとして、多くの人々に信頼されるツールへと成長していくことを目指しています。情報の整理や思考の可視化をよりスマートに、より直感的に実現することで、AI時代における新たな創造力を引き出し、人々の知的生産性を飛躍的に向上させる存在になれば、とても面白い未来が待っていると感じています。

Q. Mapifyをまだ使ったことがない人に伝えたいことはありますか？

ユーザーは大きく2つのタイプに分けられます。1つ目のタイプは、これまでマインドマップに触れたことがない人々です。彼らにとって、マインドマップは単なる文字要約とはまったく異なり、情報の整理や思考の可視化において新たな体験をもたらすツールです。

2つ目のタイプは、マインドマップを一から作ったことがあるものの、まだMapifyを試していない人々です。例えば、これまでXMindを使っていたユーザーが、まだMapifyを試していない場合が該当します。こうした人たちには、ぜひ一度Mapifyを体験していただきたいですね。**ワンクリックで複雑な動画やPDFの内容を瞬時にマインドマップ化できるのは、非常に革新的な体験**です。一度使ってみれば、その便利さが忘れられなくなるに違いありません。

Q. 最後に、日本のMapifyユーザーにメッセージをお願いします。

いつもご愛用いただきありがとうございます。今後とも、共にAIの可能性を追求し、まだ見ぬ未来を創造していきましょう。

おわりに

本書を通じて、Mapifyの魅力を感じていただけたでしょうか。ChatGPTなどの生成AIツールとは一線を画す「マインドマップの自動生成」というアプローチにより、**情報の整理や深い理解、そしてアイデアの拡張までを強力にサポート**してくれるのがMapifyの魅力です。

本書も前著と同様、企画から刊行まで4ヶ月というスケジュールで進めました。スピーディな進行に賛同し、多方面でご協力いただいた芸術新聞社の山田さんや関係者の方々に心より感謝します。また、本書の中で紹介させていただいた活用事例やノウハウを快く提供してくださった皆さんにも、この場を借りて深くお礼申し上げます。皆さんのご協力のおかげで、Mapifyの利便性や可能性を多くの方々に伝えることができました。

生成AIの進化は日進月歩で、本書の執筆中にも数多くの新機能やサービスが登場しました。「はじめに」でも触れたように、生成AI×マインドマップという機能を他のツールも導入し、いかに「人間が情報を理解しやすくするか」というテーマに多くの企業が取り組んでいます。Mapifyも今後のアップデートを通じて、さらに機能が強化されていくでしょう。こうしたツールの進化と競争が新たな可能性を切り開き、私たちの情報理解術をさらに進化させてくれると確信しています。

しかし、どれほど機能が増えようとも、私たち自身が**「いつどんな場面でAIを使うべきか」を理解していなければ、ツールを最大限に使いこなすことはできません。**本書で紹介した活用事例や考え方を踏まえながら、ぜひご自身の環境や目的に合わせてMapifyを活用してみてください。慣れてくるほどに、新しいアイデアや時短テクニックが次々と生まれてくるはずです。

さらにMapifyや生成AIの知識を深めたい人、最新の活用事例を追いかけたい人は、巻末で案内する私の公式LINEへの登録もおすすめします。そこでは、本書限定の特典に加え、毎週日曜日に生成AI関連の最新ニュースや、無料で参加できるイベント情報などをお届けしています。Mapifyのアップデート情報も随時発信していきます。

2025年は「AIエージェント元年」ともいわれ、AIの社会浸透がさらに進むと予測されています。大きな変化が起こることは間違いありません。情報量も飛躍的に増えるでしょう。そんな中、**Mapifyという心強いパートナーが、きっと頼もしい力に**なってくれるはずです。本書が皆さんの「最強のAI理解術」の習得に貢献できることを心より願っています。

池田朋弘 いけだ・ともひろ

株式会社 Workstyle Evolution 代表取締役。1984 年生まれ。早稲田大学卒業。2013 年に独立後、連続起業家として、計 8 社を創業、4 回の M & A（Exit）を経験。起業経験と最新の生成 AI に関する知識を強みに、ChatGPT などのビジネス業務への導入支援、プロダクト開発、研修・ワークショップなどを 60 社以上に実施。『ChatGPT　最強の仕事術』『Perplexity　最強の AI 検索術』などロングセラーの著書多数。YouTube チャンネル「リモートワーク研究所」では、ChatGPT や最新 AI ツールの活用法を独自のビジネス視点から解説し、チャンネル登録数は 16 万人超（2025 年 3 月時点）。

YouTube
リモートワーク研究所
https://www.youtube.com/@remote-work/featured

公式LINE
いけとも公式_リモ研／生成AI活用

購入者特典について

公式 LINE 登録後に「最強理解」と入力すれば以下の特典がご利用できます。
①本書の内容を学習した Mapify 活用相談 AI チャット
②超初心者向け Mapify の使い方動画
※特典内容は予告なく変更または終了することがございます。あらかじめご了承ください。

Mapify　最強の AI 理解術

2025 年 4 月 25 日　初版第 1 刷発行

著者　池田朋弘
発行者　相澤草多
発行所　芸術新聞社
〒 101-0052
東京都千代田区神田小川町 2-3-12 神田小川町ビル
TEL 03-5280-9081（販売課）
FAX 03-5280-9088
URL http://www.gei-shin.co.jp
印刷・製本　シナノ印刷
装幀デザイン　前田啓文（HMD）
本文デザイン　木曽絵梨香

ISBN 978-4-87586-727-2